国家自然科学基金项目资助（项目批准号：52308024）

城市公共开放空间的嗅听交互研究

/

RESEARCH ON AUDIO-OLFACTORY INTERACTION IN URBAN PUBLIC OPEN SPACES

巴美慧　著

重庆大学出版社

内容提要

本书主要介绍了城市公共开放空间的嗅听交互研究背景,作者对空间使用者在嗅听交互环境下的感知与行为规律进行的相关研究,以及相关设计策略。在视听交互、视嗅交互设计已经相对成熟的当下,嗅听交互为城市公共开放空间设计提供了新的角度与方式,因而探究现今城市公共开放空间的嗅听交互作用,不仅对改善城市公共开放空间的感官环境起到必要的促进作用,而且对感官交互领域有着重要的创新意义。本书在嗅听交互研究的评价指标选择、定量实验方法、应用策略等方面所做的努力和尝试,可为今后的基础理论研究和发展提供一些参考和借鉴。

本书可供从事建筑设计、城市规划设计、景观设计等工作的技术人员参考,也为相关研究人员及高等院校相关专业师生提供参考。

图书在版编目(CIP)数据

城市公共开放空间的嗅听交互研究 / 巴美慧著. --
重庆:重庆大学出版社,2023.9
ISBN 978-7-5689-3880-8

Ⅰ.①城… Ⅱ.①巴… Ⅲ.①城市空间—公共空间—
交互技术—研究—中国 Ⅳ.①TU984.2-39

中国国家版本馆 CIP 数据核字(2023)第 081638 号

城市公共开放空间的嗅听交互研究
CHENGSHI GONGGONG KAIFANG KONGJIAN DE XIUTING JIAOHU YANJIU

巴美慧 著
策划编辑:林青山

责任编辑:陈 力 版式设计:林青山
责任校对:邹 忌 责任印制:赵 晟

*

重庆大学出版社出版发行
出版人:陈晓阳
社址:重庆市沙坪坝区大学城西路 21 号
邮编:401331
电话:(023) 88617190 88617185(中小学)
传真:(023) 88617186 88617166
网址:http://www.cqup.com.cn
邮箱:fxk@ cqup.com.cn(营销中心)
全国新华书店经销
重庆升光电力印务有限公司印刷

*

开本:720mm×1020mm 1/16 印张:18 字数:257 千
2023 年 9 月第 1 版 2023 年 9 月第 1 次印刷
ISBN 978-7-5689-3880-8 定价:89.00 元

前　言

城市公共开放空间是城市运转的基础,但现今在其设计和使用中存在诸多问题,尤其体现在对视觉方面过度重视而忽视其他感官环境的设计。随着体验经济的到来,21 世纪进入了感官时代,感官交互设计在此背景下应运而生。在视听交互、视嗅交互设计已经相对成熟的当下,嗅听交互为城市公共开放空间设计提供了新的角度与呈现方式。探究现今城市公共开放空间的嗅听交互作用,不仅可对改善城市公共开放空间的感官环境起到必要的促进作用,而且对感官交互领域有着重要的创新意义。

本书由宁波大学潘天寿建筑与艺术设计学院巴美慧撰写,主要介绍了城市公共开放空间的嗅听交互研究背景,以及空间使用者在嗅听交互环境下的感知与行为规律的相关研究。全书共分为 7 章:第 1 章为绪论。第 2 章介绍了嗅听交互研究的相关方法设计。第 3 章基于实地调研,介绍了现今城市公共开放空间的嗅听交互现状。采用感官漫步法,以参与者的主观评价为基础,对我国 3 种类型的城市公共开放空间进行了实地调查研究。结果表明,声音与气味不会影响彼此的感知概率、感知度、感官源属性判断,但声音与气味会影响彼此的主观评价,体现在积极的声音与气味会提高彼此的主观评价,消极的声音与气味的效果则相反,并且气味对声音感知的影响程度相较于声音对气味感知的影响程度更大。研究还发现大多数参与者认为声音与气味是会影响彼此的感知的,大部分人希望在城市公共开放空间中听到或闻到自然性的声音或气味。第 4 章基于实验室研究,介绍了嗅听交互感知效应,通过嗅听因素变量控制,分别对嗅觉因素对声音感知的影响、听觉因素对气味感知的影响以及嗅听交互对整体感知的影响进行了研究。结果发现声音与气味会影响彼此的感知评价,并且存在一种对彼此强度削弱的"掩蔽"作用。正面评价的感官刺激会提高另一种感官感受的评价,负面评价的感官刺激的作用则相反。不同的声音与气味变量对整体感知评价也产生影响,并且声音刺激对整体舒适度的影响效果强于气味刺激,但声音与气味对整体协调度的影响效果则较为均衡。第 5 章介绍了嗅听交互对人群行为的影响,通过实地行为观测,对城市常见气味与声音的交互作用对人群行为的影响进行了研究。结果发现嗅听交互作用会影响人群路径、速度、停留时间,体现在植物与食物气味以及音乐声会对人群产生吸引作用、增加人群停留时间,污染气味、风扇声则会使人远离感官源、缩短人群停留时间。嗅听因素的组合会产生叠加效果,消极的气味会增强声音本身对人群路径的影响。食物气味与声音对人群路径的影响存在着交互作用,植物气味与声音的交互作用对人群速度存在影响,食物气味、污染气味与声音的交互作用对人群速度与停留时间不存在显著影响。第 6 章为城市公共开放空间嗅听交互环境设计策略,基于研究结果,从理论模型的建立及总体设计目标与原则、根据设计目的选择设计方法、嗅听要素的选择、嗅听要素与环境的总体调控、嗅听要素间的组合与布局、关注使用者的行为 6 个方面提出设计策略,为城市公共开放空间嗅听交互环境的设计提供参考。第 7 章为结论与展望。

由于作者水平有限,书中难免存在不足,敬请广大读者批评指正,也欢迎业内人士共同探讨和交流。

巴美慧

2022 年 12 月于宁波大学

目 录

第1章 绪 论

1.1 研究背景、目的和意义

1.1.1 研究背景

城市公共开放空间是城市运转的基础,其功能、布局和环境品质等影响着空间所在城市的宜居性,从而极大地影响着人们的生活方式。现今城市公共开放空间在设计和使用中存在诸多问题,感官环境设计随着城市空间建设的飞速发展而逐渐被人们所关注,然而目前对视觉方面的过分重视而忽视其他感官环境设计的问题尤为突出,从而导致在城市空间设计上片面满足外形美观需求而忽视使用者的其他感官与心理需求。有必要全面地对城市公共开放空间进行设计,营造出令人满意的感官环境,从而提高人们对使用环境的舒适度感受。

同时,体验经济的到来使得人们越发注重心理、情感等方面的需求,人们对城市空间环境的期望发生了质的飞跃,体现在物质层面已不再能使其满足,人们对精神层面有了更高的追求和寄托[1]。感官交互设计在此背景下应运而生,同时为城市公共开放空间设计提供了新的角度与方式,并为使用者缓解生活压力、改善情绪提出了新的可能。

1)公共开放空间举足轻重

对于城市而言,公共开放空间作为影响其发展的关键要素之一,在提高整体环境质量、完善基础设施和公共服务，以及促进地域文化发展等方面发挥着重要的作用。良好的城市公共开放空间可以促进良性的交流与互动，来自不同社会背景的使用者和谐地共享城市空间，感知和体验其带来的不同心理感受。从这一角度而言，城市公共开放空间担负着为使用者提供健康的物质与心理环境的社会作用。

我国的城市建设近几十年来势如破竹，城市面貌焕然一新，但是还有很多不足之处。表现在缺乏从非视觉感官角度入手，对城市公共开放空间的心理需求方面进行深入研究；缺乏将国外先进的城市公共开放空间设计理论及技术引入国内，并进行具有适应性的学习和应用研究。

2) 声环境问题日益严重

城市声环境与人们的生活密不可分，在生理和心理等方面都会对人造成影响。其中噪声问题尤为严重，有报告显示，环境噪声在中国被投诉的次数占环境总投诉数的42.1%[2]。噪声污染的主要来源是交通噪声[3]，其成为目前困扰城市公共开放空间声环境发展的重大问题，并且有日益加重之趋势，严重威胁到使用者的生理和心理健康，于是关于噪声控制的研究开始大量涌现。

但学者们逐渐发现声压级与人们对声环境的主观评价不一定是完全负相关，其中涉及声源种类、环境状况、使用者特征等复杂因素[4,5]。随着生活质量的提高，人们更加在意自身的身心健康，人们对城市声环境的期望由无噪声干扰转变为得到舒适与享受的听觉体验，因此急需从更加深入、全面的角度来系统地改善城市的声环境品质问题。

3) 气味环境常被忽视

嗅觉作为人体的五大感官之一，是人们与外界环境互动的重要媒介。然而在建筑设计和城市设计的重点学科和核心研究中，关于气味环境的研究少之又少，建筑师 Herve Ellena(2006)认为，嗅觉连同其他化学感官，属于"建筑的阴暗面"，它与其他感官信息共同直接影响着人们对城市生活的日常经验与对不同场所如街道、居住环境的感知,在日常设计中常常被遗忘[6]。然而嗅觉具有信息性、地方性、记忆性等其他感官不具备的特性,因此气味环境的设计应该成为丰富城市功能、改善城市环境、塑造城市特色的一种重要途径。

现今,国内城市公共开放空间的气味环境设计面临着诸多困难,其主要问题体现在:设计人员思想上不重视,从设计者角度对嗅觉感知"不屑一顾";缺乏气味环境设计方面的理论知识,体现在先建造后设计,而所谓设计仅停留在对既有建筑或景观园林"生搬硬套"的分析上,如某酒店采用了香味营销或某公园种植了芳香植物便宣称其进行了气味环境设计,而忽视使用者的感受;嗅觉背景环境质量不断下降,污染的肆意排放、废弃物的随意堆置造成城市空气质量恶化。面对以上问题,气味环境的设计需要与视觉、听觉等其他感官环境的设计手段相区别。

4)感官交互方兴未艾

随着体验经济的来临,21 世纪进入了感官时代。与单一的感官刺激相比,多感官刺激所传播的信息更为深入、广泛且细致,以及更令人难以忘怀。城市与建筑的多感官信息整合将空间使用者的感官体验作为导向,以制造感官舒适和加深情感点与记忆点来强化人们对空间的感知。

除了视觉之外,嗅觉、听觉也是人们感知城市的重要媒介(味觉、触觉感知更依赖于人们的主观意愿,相较于前三者在空间感知上具有一定局限性)。目前,我国关于建筑或城市空间的感官交互设计逐渐涌现,大部分的研究与视觉相关,重点集中在视听交互上并且已经取得了一定成果,科研人员已证实视觉与听觉之间存在相互作用,但其他感官间的交互设计研究还十分有限。人们感觉阈限的提高以及环境中负面的感官刺激,都给城市的感官交互设计带来了困难。

1.1.2　研究目的和意义

目前,城市公共开放空间过分重视视觉效果而忽视其他感官环境的设计。

感官作为人们感受外界环境的媒介,已经成为建筑与城市设计中不可忽视的一环,同时感官交互研究的出现为营造良好的城市公共开放空间、满足人们的各项需要提出了新的可能。嗅觉、听觉是人们感知城市的重要媒介,然而我国对城市气味环境的研究还处于起步阶段。目前国内外的感官交互研究大部分与视觉相关,主要集中在视听交互上,视觉与嗅觉的交互作用有一部分研究,其结论普遍显示积极的感官源会提升其他感官的体验。而关于嗅听交互作用的研究几乎空白,气味的作用常被人低估与忽视,但越来越多的研究揭示了气味的潜力。嗅觉因素是否与视觉因素一样拥有改变听觉感知的能力,以及听觉因素是否对嗅觉感知有同样的作用均值得研究。

1)研究目的

本研究有以下目的:

①通过对国内外关于城市声环境与气味环境所获得的研究成果和研究方法的梳理和提炼,提出城市公共开放空间嗅听交互的研究内容和研究方法。

②通过对典型城市公共开放空间的声环境与气味环境的实地调研、客观测量和问卷调查等方法,验证嗅听交互作用的存在,并分析城市公共开放空间嗅听交互的特点以及目前存在的问题,发掘城市公共开放空间中声音、气味、使用者和环境四者的内在关系。

③通过对城市环境中典型的声音与气味组合进行实验室模拟重现,并以问卷调查和统计分析等方法获得被试的真实主观感受,探索嗅听交互的感知效应,从而获得嗅听交互感知的普遍规律。

④通过对城市公共开放空间中典型的嗅听刺激组合影响下的人群进行行为观测,从人群的路径、速度、停留时间3个方面揭示在嗅听交互作用下城市公共开放空间中人群的行为规律。

⑤针对研究成果和结论,探究符合人们心理需求的城市公共开放空间嗅听交互环境的设计及改善策略,结合实际指导城市公共开放空间感官环境的营建。

2）研究意义

（1）在学术研究层面

建筑与环境声学研究的最终目的是营造舒适的声环境感受，本研究通过嗅觉因素的引入为完善城市公共开放空间感官环境提出了新的思路和方法。本研究以典型的城市公共开放空间作为研究对象，并对其嗅听因素的交互作用进行系统与深入的综合分析，以量化的形式表达出环境和心理之间的抽象关系，从使用者角度考量城市功能布局的合理性，为城市环境评价提供了一个立体的评价角度，并有助于推进城市及建筑空间设计从视听交互主导转向更为全面的统觉认知，不仅对改善城市公共开放空间的感官环境起到促进作用，对城市声景与嗅景的相关因素进行充实，而且对感官交互方向具有重要的创新意义。

（2）在科学发展层面

本研究探索了城市公共开放空间的声音与气味特性，将声音、气味、人和环境四者紧密相连，真实地反映出人们的心理需求，以营造令使用者满意的城市空间环境。这有助于改善城市及建筑空间感官环境"千城一面""嗅觉沉默"等特色缺乏现象。此外，嗅听交互环境设计是提升我国城市及建筑空间包容性的重要途径，如针对视障人群，避免了单一听觉、嗅觉环境设计的局限性。

（3）在应用实践层面

针对研究结果提出城市公共开放空间的嗅听交互环境设计策略，从而提升城市的感官环境品质，为今后城市建筑提供布局依据，为城市规划提供设计依据，为城市景观提供绿化选择依据，同时能为其设计者和使用者提供专业指导，将科研与实践紧密相连。此外，为国内感官交互研究提供理论基础，为促进我国城市公共开放空间向舒适宜居方向发展起到重要作用。

1.2　国内外相关研究综述

1.2.1　声景研究

声景(soundscape)一词最早由地理学家 Granoe 于 1929 年提出,其概念是用以描述"环境中的音乐(The Music of the Environment)",也就是在实际环境中,那些带有文化性和审美性的声音。后被国际标准化组织(International Organization for Standardization,ISO)定义为"强调个体或社会所感知和理解的声环境"[7]。在声景研究中,声环境并不是单纯被看作可以客观测量的一系列参数,而是被看作由蕴含丰富信息的声音要素所组成[8,9]。

20 世纪 60 年代,知名音乐家 Schafer 创立了声音生态学(Acoustic Ecology),其早期的工作为探究耳朵、人、声环境和社会的关系[10]。该学科具有很强的交叉性,其核心研究目的是对声景进行改善[8]。

20 世纪 60 年代末至 20 世纪 70 年代初,Schafer 与同事在温哥华开展了世界声景课题[11],主要探寻人们如何感知环境以及协调整体声景,并且成立了全球声景研究学会[12]。1975 年,Schafer 一行走访了欧洲的 5 个村庄,并详细调查了他们的声景[13]。当其他人在 25 年后再次对其进行调查时发现,村庄声景的地域特色逐渐消失,以前人们用来获取环境信息的声音已经在工业噪声的影响下不复存在[14]。

世界声音生态学论坛创立于 20 世纪 90 年代,其成员来自不同的学科背景,并对声景是一个生态平衡体系达成了共识,通过多方面探索,成员们提出了各学科领域内的声景研究框架,不同性质的声景团体分别被建立起来[15]。

目前,国外的声景研究已取得可观的成果。下面本研究将具体从声音、使用者和环境这 3 个部分内容进行介绍。

1）国外相关研究现状

（1）声音

声音对人的影响是声景研究的重点之一。Schafer[10]（1977）把声音分为基调声（keynote）、前景声（foreground sound）和声标（soundmark）。基调声类似于音乐中的基音，用于展现生活环境中的基本声音特点；前景声主要在听觉上吸引人们的注意力；声标被认为是富含文化、历史和实际意义，以及独特地域特征的声音。Raimbault[16]（2002）则按照声音中是否涉及人而把声音分为"交通与工作类"和"人与自然类"。

Southworth[17]（1967）研究了声音的特性及其对应的声喜好之间的关系，结果发现对声喜好造成影响的因素多种多样，其并不仅与声音自身的物理性质相关。一般情况下，低频率与低声级声音的喜好度会相对更高，并且声喜好度会随着声音的新鲜感、含义性和文化性的增强而提高。同时，该研究表明声音的含义性、情境性和声压级决定着人们对声环境的主观评价。

对于声音类型对主观评价的影响而言，日本的一项对声音喜好程度的研究发现，人们对自然声更为青睐，而最不喜欢的声音则来自机械声等[18]。在声音语义与主观评价方面，研究显示声音的语义会影响人们的评价结果[19,20]。在声音响度与主观评价方面，对于响度较高的噪声而言，人们的愉悦度随着响度的升高而逐渐降低，而对于响度适中的噪声而言，人们的愉悦度与响度间没有显著的相关性[21]。此外，人们对声音的既有认知会影响总体的响度评价，如某些声压级低的地方，其声景评价会高于某些声压级高的地方[22]。研究还表明，声源属性如声源与人的距离、运动状态、持续时间等都会影响人的主观评价[23-25]。

（2）使用者

人作为感受声音的主体，不仅在接受声音信息，也在创造声音，其对声音的感知同样是研究的重点[26]。研究表明人的状态会受声音影响[27,28]。社会因素，如性别、年龄、教育程度及文化背景和个人的听觉经验等，对其声景体验有显著影响。

对于性别而言,研究表明将男性与女性安置在同一个声环境中时[29,30],女性对声音更敏感[31]。这也许是女性更感性,而男性在这方面的敏感性则相对弱一些[32]。

对于年龄而言,学者早已发现其会影响人自身对声音的主观评价[33,34]。Kang[35](2006)的研究表明年纪大的人会更喜爱自然性和文化性较强的声音。对于青少年而言,他们对自己制造的声音十分喜欢。Tarlao 等[36](2021)的研究发现老年人对噪声更为敏感,这导致了他们对噪声所属声景的评价趋于低愉悦度与强单调感。

对于声环境中的其他因素,Schulte-Fortkamp 和 Nitsch[37](1998)的研究发现,城市声环境质量取决于人们的"停留时间""对所在环境的定义"和"承担的社会责任"。Yang 和 Kang[38](2001)在北京建国门广场的调研结果显示:与只是经过广场的穿行者相比,在广场中活动和休息的人具有更高的声景满意度;经常来广场并且停留时间久的人比相对来广场次数少并且停留时间短的人的声景满意度更高;随着一组人的数量增多,组群内部的人对声景的满意度会升高。Bertoni 等[39](1993)的研究发现,若在视野范围内出现了产生噪声的事物,即便人们并没有听到该事物产生的噪声,它也会对主观评价产生消极影响。但这些视野范围内的噪声事物不会干扰声景评价[40]。

(3)环境

环境的特性会影响声音的传播以及混响时间,如空间的尺度、形态、表皮材料等,并且还会影响声舒适度。Kang[41](2001)的研究表明适宜的混响时间会让街头音乐更动听,并会增强人们的愉悦感。对于不同功能与性质的室外空间而言,混响时间的控制非常重要。除此之外,整个城市中或者城市公共开放空间周边的特殊声源与背景声均会影响声景。

在不同环境中人们对声音的主观感受存在差异。Kang[35](2006)对娱乐性与商业性用途的广场进行了研究,结果表明在娱乐性的广场中,人们喜爱的声音包括鸟鸣、水声、教堂钟声和儿童玩耍声。对于商业性广场而言,街边和商店播放的音乐则更受青睐。

此外,声舒适度还会受到环境中物理因素的影响,如温度、湿度、亮度、风速等,以及其他感官因素如视觉、嗅觉的影响,关于感官交互的研究内容综述详见1.2.3。

2)国内相关研究现状

声景领域逐步在世界范围受到重视与发展,20 世纪 90 年代末受到国内研究者的关注,并逐渐吸引了大批不同学术背景的学者参与其中。王季卿于 1999 年提出了发展新学科"声音生态学(Acoustic Ecology)"[42],他是最早在国内出版物中对声景进行介绍的学者。

在国内声景的宣传与推广方面,李国棋[43](2001)在北京开展了声景教育,介绍了声景的研究现状及声景与其他学科的区别,使更多的人对声景有了基本认识。他还建立了"声音博物馆",将图像与之结合,为后续的声景研究提供了数据库。秦佑国[44](2005)认为,对于传统的景观研究仅包含视觉而没有听觉的美学意境并不完整,声景学需要视听相配合和协调,并定义了声景的研究范畴。康健[45](2017)总结了声学研究从环境噪声控制到声景营造的发展进程,提出了声景营造可以解决的声环境问题,以及当前声景学的现状、应用以及实际意义,呼吁人们对声景研究加大重视。

康健和杨威[46](2002)就声音、人与环境彼此间的联系,对城市公共开放空间声景的描述、评价和设计 3 个层次进行了研究,并对相关研究成果进行了综述。葛坚等[47](2004)将声景的概念迁移至景观设计中,指出声景与传统意义上的声音的区别,提出了城市声景的设计要点。他们在对日本佐贺公园的实地调研中,根据人们对城市公共开放空间声景构成要素的好感度以及协调度评价,总结出景观的不同类型和使用功能,提出在声景设计中除了要对消极的声音因素进行淘汰,还需要引入积极的设计因素,以及需要对城市公共开放空间的声景进行合理分区[48]。

学者们针对地域特征,对不同地区的声景也进行了系统研究。毛琳箐[49]

(2014)对贵州东部的传统聚落声景进行了研究,从生态、文化、社会 3 个层面入手,对比了苗族与汉族聚落的差异,归纳了山地与天井聚落的声景特征并建立了声传播模型,获得了聚落声景中主要声源的客观指标特性,揭示了聚落声景中传统单一信号声源的频谱特征与社会功能,并提出了相应的声景保护理念。郭敏[50](2014)对自然性与人工性园林的声景进行了研究,构建了基于评价指标、声景以及声源的主观评价体系,并有针对性地提出了两类园林设计的导则,以及基于声音、人和环境的理论设计方法。武捷[51](2016)对城市绿道声景展开了研究,以太原市作为研究对象,揭示了声景在城市绿道之间是如何变化的,并指出了城市绿道环境与声舒适度评价的关系。

除此之外,关于声景研究新方法的探索从未停止。孟琪[52](2010)研究了地下商业街的声景,针对声音、使用者、环境和空间以及物理环境指标、声压级和人群密度等因素设计了问卷并进行了实地测量,建立了基于 BP 神经网络的地下商业街主观评价的预测模型,在此基础上通过与传统的序列逻辑回归模型作对比,指出了 BP 神经网络的优势。扈军[53](2015)研究了如何利用 GIS 制作声景图及其应用问题,他利用城市 GIS 数据库资源,基于客观测量与主观评价的数据制作了城市声景图。该研究在声景图上将声景营造区与噪声控制区进行了分类,针对其特点提出不同的设计对策,并利用虚拟现实技术,指导大众体验城市声景,以引起社会对城市声环境的重视。

近年来声景的恢复性效应逐渐成为研究的热点,张圆[54](2016)以高密度城市沈阳为研究对象,提出了"声景恢复性效应"理论,通过对城市公共开放空间恢复性现状的调研,归纳出居住者的恢复性评价及其影响因素,揭示了声景对环境恢复性的重要作用,此外研究还利用眼动实验在实验方法上进行了探索。

1.2.2 嗅景研究

嗅景(smellscape)一词最初是由加拿大地理学家 Porteous[55](1990)提出,

用以描述区域的整体气味环境,包含那些片段性的及非自愿的气味。虽然以前的研究有助于加深感官感觉对环境经验和设计的理解,但很少有人特别关注城市及建筑空间中的嗅觉感官感知。2008 年,由英国保险公司发出的关于感官损失的索赔建议,嗅觉损失总价值为 14 500 ~ 19 100 英镑,而听力损失总额为 52 950 ~ 63 625 英镑,视力损失则高达 155 250 英镑,只有味觉损失价值低于嗅觉损失价值,价值 11 200 ~ 14 500 英镑[56]。

目前,学者对城市嗅景开展了一些调查,感官研究学者 Classen 等[57](1994)以及历史学家 Cockayne[58](2007)、Mchugh[59](2015)记录了城市日常具有历史感的气味,其他学者则整理了一些特殊人群(通常是少数人群)的嗅觉经历[60-62]。Low[63](2008)调查了当代新加坡的气味环境,Grésillon[64](2005)以及 Diaconu 等[65](2011)分别在巴黎和奥地利对公园、咖啡店和街道进行了嗅景调查。Xiao 等[66](2018)则将愉悦度作为嗅景感知的基本指标,通过扎根理论及气味漫步法归纳出 9 个嗅景评价维度,并总结出 4 种愉悦度类型,为嗅景评价建立了理论框架。

与声景类似,嗅景的研究也围绕着气味、使用者和环境进行。

1)国外相关研究现状

(1)气味

气味环境主要依赖于空气质量,而气味作为空气质量的重要特征之一常受到人们的抱怨[67],但是人们关注更多的是污染气体排放的控制,而非如何发挥气味潜在的积极作用。研究表明气味可以影响人们的心情[68],将某种气味引入环境有类似的积极作用[69]。气味同样可以影响决策,如在对人、品牌,或地点和环境进行评估的时候[70-73]。日本最大的香水公司 Takasago 通过测试及研究发现气味会带来行为、工作及生产效率的改变。Knasko[74](1995)发现将气味引入商店中会增加人们的停留时间,并且这种环境刺激会为个体的情绪提供一种改变方式[75]。

Henshaw[76](2014)在英国进行了气味漫步(smellwalk)研究,调查了人们对不同气味的喜好情况。气味偏好调查表明即使人们对气味的喜好千差万别,植物的气味都最受青睐,而这些积极的感知可以带来包括人们身体状况的改善及相关功能的恢复。其中芳香植物因其香气与观赏价值,可以带给人们愉悦感,被普遍利用在城市景观设计中。现代医学证明,芳香气味会影响人的情绪,如迷迭香会改变人的认知表现,薰衣草的香气可以令人愉悦等[77],目前已有利用香气缓解患者的焦虑感、促进疾病痊愈的案例。

(2)使用者

人作为气味的接受者,其社会因素包括年龄、性别、教育程度、职业、文化背景等,均会对人的气味感知产生影响。众多研究发现,即使在不同环境中,在对气味的感知、识别与记忆方面,女性比男性的嗅觉更敏锐[78-81]。这些往往与女性的荷尔蒙变化及月经周期有关[81],也有研究表明这些区别可能是由其他因素所致。Cain[82](1982)发现女性会更好地形容气味,且对气味更加熟悉,而男性从记忆中提取曾经的气味信息有一定困难,并且某些气味具有性别属性,如烟头味、啤酒味以及机油味被认为是男性化的,而肥皂味、爽身粉味以及指甲油味则被认为是女性化的。年龄也是主要的嗅觉限制因素,研究表明感知与识别气味的能力会随着年龄的增长而降低[83],老年人从记忆中提取曾经的气味信息是具有障碍的[84]。Schleidt 等[85](1988)以德国人和日本人作为研究对象,研究了文化对气味偏好的影响,结果发现虽然文化和个人差异不可避免,大多数气味的评价都较为类似,如植物的气味被认为是愉快的,而腐烂物品的气味则相反。身体状态(包括是否具有疾病、是否怀孕、是否饥饿以及是否有抽烟习惯)也会影响使用者的嗅觉感知,Diaconu 等[86](2011)强调了气味和潜在的过敏反应之间的联系,Schiffman 等[87](2002)发现许多精神疾病如阿尔茨海默症和帕金森症,或精神分裂症,均会直接影响嗅觉的功能,嗅觉的变化可以作为潜在疾病的早期指标[88]。Keller 等[89](2012)的研究显示体型会影响人的嗅觉,体重过轻或超重的人的嗅觉敏锐度比正常体重的人弱。Henshaw[76](2014)发现,饥饿的人总是更容易察觉到食物气味,而怀孕的人以及经常患病的人往往会产生嗅觉变化,而变化的程度则取决于疾病的性质。德国的一项研究对1 300 余名参与者进行了测试,发现吸烟习惯会造成嗅觉消失危机[90],并且约1% 的人口由于手术或暴露在有毒物质中而导致嗅觉缺失症[91]。使用者在生活和工作中的嗅觉经验,对气味的主观浓度、熟悉度或喜好度也会产生影响[92],如某些气味即使浓度非常低会被人所感知,而即使某些喜好度高的气味在浓度高的时候会使人不舒适。同时使用者的即时状态(使用空间的目的及方式)等因素,均影响着嗅觉体验。现如今,在新冠疫情时代背景下,病毒导致部分感染者产生了嗅觉障碍,人们开始越发关注空间中嗅觉环境的重要性及嗅觉弱势群体,以提升空间的包容性。

(3)环境

气味与环境密不可分,气味时刻影响着人们的生活,并且具有记忆性、地方性与信息性等特质,任何气味的感知都不能脱离其所处的地点与时间。嗅觉工作时,气味因子与鼻腔顶部鼻黏膜上的感受器相结合,这种直接接触的作用方式使嗅觉较之与人体不接触的视觉作用相比更加牢固,因此它在人的记忆中扮演的角色是根深蒂固的,Engen[93](1982)发现人们能分辨出一年前闻过的味道。其地方性体现在环境的不可复制上,不同环境的气味成分与含量是不同的,从而会带来嗅觉感知的变化。20 世纪 80 年代中期,美国国家地理杂志开展的气味调查数据显示,在对年龄为 20 ~ 79 岁 712 000 名受访者的研究表明,长期暴露在工厂环境会导致嗅觉性能衰退或损失的风险增加,尤其发生在男性中[94]。不同地方的风速、风向、温度、湿度等物理因素均会对气味产生影响,如风将远处的气味吹来,人们可以短暂感知到看不见的嗅源。Patrick Kinney 在2005 年 1 月的夜晚观察发现,城市空气被困在一团温暖的空气层下方,导致城市当晚的风速仅为 1.34 m/s,从而使任何气味均保持在较低的地面,并且在建筑间蔓延[95]。建筑环境的形式对气味识别有重要影响[96,97],Penwarden 和Wise[98](1975)研究了风的热学与触觉特征,但是目前只有少数研究关注气味在建筑环境设计中的作用,如气味的分布与扩散对建筑环境的影响。信息性则体现在气味对环境的联想上,具体表现为当人们闻到刺激的气味,会立刻警惕起来,并产生躲避反应。有学者指出,嗅觉最重要的作用体现在面对危险环境的自我防御。此外,如盲人、聋哑人等特殊群体,他们的嗅觉比普通人更加灵敏,常根据气味来认知周边环境,确定自己的行动方向,研究表明嗅觉与听觉在定位方面存在相似性[99,100]。

2)国内相关研究现状

目前,国内关于嗅景的研究正处于起步阶段,殷敏等[101](2016)列举了嗅景的应用以及发展趋势,表明了嗅觉设计面对的最大问题为主观上的轻视和气味环境的恶化。魏正旸[102](2019)简要分析了城市公共空间设计中,气味产生的作用以及嗅觉设计路径,包括如何对气味进行选择、如何规划气味体验方案等,并通过实例分析讨论了嗅觉设计在实际中的应用。刘歆等[103](2020)基于嗅觉感官体验,提出了工业遗址景观的再生设计策略,包含从空间氛围、材质、植被、呈现方式来提升嗅觉体验。

国内研究针对中国古典园林"香景"(指令人愉快的、积极的嗅景)的探讨较多。在香景发展方面,张娜娜和常晓菲[104](2017)探讨了中国古典园林香景的产生根源,论述了香景的不同发展阶段,并归纳了香景是如何在古典园林中发挥作用的。在香景的营造方面,邓贵艳[105](2013)阐述、分析了古典园林中的香景释义与香景特征,并提出了具体的香景设计手法。包广龙和王婷婷[106](2019)探究了扬州园林代表个园在造园手法上的特点,并通过软件进行仿真风环境模拟,分析了园林的气味环境对园林总体特征的影响。在芳香植物的运用方面,李育贤等[107](2018)对广州市内3种典型的公园类型进行了分析,并对不同园内种植桂花的种类、生长态势和配置状态进行了研究,探讨了通过芳香植物提升大众嗅觉体验的可能性。

1.2.3 感官交互研究

1）国外相关研究现状

视听交互作用的研究取得了一定成果，视觉与听觉彼此存在影响，Southworth[108]（1967）发现在视听环境中，对视觉环境的重视会导致听觉感受的减弱，同样对听觉环境的重视会导致视觉感受的减弱，并且当视听因素混合展示时，声音与景物的协调性越强，人们会更加感觉身临其境。对于视觉刺激对听觉感受的影响而言，Carles[109]等（1992）的研究表明，城市内的视觉因素越多，所带来的听觉感受就越复杂。Viollon[110]（2003）对视听交互进行了实验室研究，结果表明在视听整合环境中，视觉因素对感知的影响更明显。Lercher 和 Schulte-Fortkamp[111]（2003）的研究发现，在环境优美的街区里，居住者的声烦恼度会更低，而对于生活在景观环境较差的街区居住者而言，其声烦恼度会更高。Hashimoto 和 Hatano[112]（2001）对汽车的噪声感知进行了研究，结果发现正面的视觉影响可以削减噪声给评价上带来的负面作用。Maffei 等[113]（2013）将安静区中的风力发电厂作为研究对象，通过虚拟现实技术研究了在不同视觉因素作用下人们对噪声的接受程度，发现风力涡轮机距离较远、数量较少、颜色为绿色或白色时，人们对噪声的感受较好，证明了虚拟现实技术作为研究手段的可行性，并提出了今后实验室研究需要与实地调研结果作对比的建议。D'Alessandro 等[114]（2018）对大学校园的声景和整体环境进行了季节性调查，发现冬、夏季感知上的差异可以归因于夏季更宜人的视觉和气候条件，以及较高的人声成分。在听觉刺激影响视觉感受方面，Anderson 等[115]（1983）在实际场所或图片展示的条件下增强或减弱某种特定的声音，发现声音与视觉相协调的情况下视觉感受将被强化。Mace 等[116]（2003）发现飞机噪声会对自然公园景象的评价产生负面影响，并且会改变人们对景色的偏好。Lindquist 等[117]（2016）采用三维模拟技术发现，当声音与视觉景象相协调时，人们的真实度感受会更高，植物的视觉因素在配以鸟鸣或无声时的喜好度最高。对于视觉与听觉感受的差别而言，视觉环境具有可见性，而听觉环境没有；视觉环境更在意空间内部的事物，而听觉环境则在意其自身；听觉给人的舒适度是短暂的，视觉给人带来的舒适度则更为持久，对比于视觉上感知到的事物，声音短暂而分散，并且具有一定的滞后性，相对而言声源位置更不便于测量。对于视觉感受与听觉感受的区别而言，听觉所感受到的信息量较视觉感受更少，但是听觉感受更具有情感性[118-120]。

除了视听交互研究，学者对视觉与嗅觉的交互作用进行了一定探索，Carien 等[121]（1999）选取抽象画、声音片段及气味代表视、听、嗅觉因素，选取评价中性的抽象画附加人们喜好与讨厌的声音与气味作为感官刺激因素组合，结果发现气味与声音的刺激会影响被试对抽象画的评价。Dinh 等[122]（1999）发现感官因素会增强人们对空间的记忆，研究通过虚拟现实技术模拟不同类型的空间，并配合声音、气味等的改变让参与者进行体验，发现声音、气味等会增强测试者对空间的记忆，但是视觉上的细节增加并没有此效果。有研究证实了视觉信息可以影响气味感知[123,124]。近年来的研究表明，气味可以影响视觉感知[125-127]。

听觉与嗅觉交互研究则较少，Jiang 等[128]（2016）利用虚拟现实技术研究了气味对道路交通环境评价的影响，表明气味在特定环境中调节噪声和视觉景观感知的潜力。Bruce 等[129]（2015）通过感官漫步法研究了人们对城市环境的感知与感官期望，虽然声漫步与气味漫步是分开进行的，但仍发现了一定的共性问题及差异，如人们的声期望与气味期望会随时间变化，并取决于人们之前到访过的特定地区的经验；人们往往会忽视环境中自己熟悉的气味，但却经常主动寻找自己期望听到的熟悉的声音。销售领域的嗅听交互研究相对较多，Mattila 和 Wirtz[130]（2001）研究了零售环境中声音与气味的交互作用，实验选择了不同唤醒度的声音与气味作为感官源刺激，结果发现当声音与气味的唤醒度一致时，消费者对环境的评价更为积极，并表现出接近与购买行为。Michon 等[131]（2006）发现音乐声与芳香味会影响商场里的购物行为，快节奏音乐与柑橘的芳香气味或慢节奏音乐与无气味搭配会增加人群的购买力，慢节奏音乐与芳香气味会使人群购买力减少。此外,Buissonnière-Ariza 等[132](2012)发现了气味具有提升听觉定位的能力。

2)国内相关研究现状

国内关于城市感官交互环境的研究主要在视听交互相关的方面。张邦俊等[133](2000)研究了噪声源的可视性对人烦恼感的影响,结果发现,当人们能看到噪声源时,其所感受到的噪声烦恼感比没看见时更大。倪涌舟[134](2006)发现室内绿化能调节低频噪声的烦恼度,除在物理层面上的吸声降噪作用之外,其从视觉感受上也会对烦恼感产生削弱作用,从而弱化噪声带来的负面效果。师珂[135](2017)采用实地调研与实验室研究相结合的方法,对城市开放空间中的绿化形式对声景的影响进行了研究,从绿化的空间类别、包围度、距离的角度揭示了绿化形式是如何影响城市公共开放空间中典型声源感知的。

其他视觉因素如颜色、明度等会影响人的噪声感知,宋剑玮等[136](2011)探究了颜色对交通噪声烦恼度的影响,发现红色对烦恼度具有显著的加强效果,而紫色、黄色、绿色所带来的消极效果比较弱,并据此提出了利用颜色来提升声环境评价的可能性。聂文静[137](2014)同样研究了不同颜色和明度条件下的交通噪声感知,得出了相类似的结论。

除了噪声,视觉因素还会影响其他声音的感知,任欣欣[138](2013)在对城市公园水体斑块声景的研究中融入了视觉影响因素,发现在人工性的视觉环境下,儿童嬉戏声、公园广播声以及运动器材摩擦声的声舒适度较高;而在自然性的视觉环境下,乐器表演声、歌声、水声、鸟鸣以及钟声的舒适度较高。

1.2.4 国内外文献综述简析

通过对文献等研究成果进行归类整理与分析后发现,国内外学者对声景的研究已经十分成熟,相关研究成果不胜枚举。对于嗅景而言,国外学者对其进行的研究较早且比较充分,但国内尚在起步阶段,相关文献鲜有。感官交互方面的研究主要集中在视听交互上,其他感官间的交互研究则较少。下面将综合论述目前研究中已有的成果和存在的不足。

1)国内外已有的研究成果

①国内外的声景研究范畴非常广泛,涉及学科较丰富,包括声学、建筑学、景观学、城市规划学、心理学、社会学等。内容则关乎城市、社区、公共开放空间、居住空间、医疗空间、地下商业空间等。在声景理论与方法、基本规律与营建策略等方面均进行了一定的研究。

②关于嗅景的研究,虽然国内处于起步阶段,但是国外已经取得较多成果,与声景类似,研究所涵盖学科同样较为广泛。负面气味如汽车尾气的治理,以及正面气味特别是植物芳香气味的医学作用相关研究相对成熟;室内嗅景的研究较为充分。可以将国外先进的理论和方法应用到我国特定的环境当中,以解决符合我国国情的问题。

③关于感官交互研究,多数集中在视听交互方面,主要侧重于视觉或听觉元素对彼此的影响,以及视听关系对整体环境评价的影响研究等,视觉与嗅觉的交互规律也有一定的研究。早期的文献一般着重于整体的感官交互关系,但是近年来的研究则更趋于深入和具体,关于单一感官元素对彼此影响的研究逐渐涌现,如色彩、距离、音量等变量被纳入研究范围,使得研究结果对实践设计更具针对性。

2)国内外研究的不足

①学者对声景进行了大量研究,但通常层面较浅而不深入,缺少对实验结果的深层原因以及带来的影响进行深度挖掘,有些研究论述性较强而缺乏实验数据论证。研究方法没有形成普适性,虽然研究领域广泛,研究内容丰富,主题多样且成果突出,这给研究者带来了更多的科研灵感,但在研究方法上仍然缺乏规范性和系统性。

②国外已有部分关于嗅景的研究,从文献的数量、深度与广度上以及重视

度上仍不如视觉景观与声景。目前研究更多侧重于负面气味给人带来的不适及其治理上,正面气味的积极作用则主要集中在现代医学领域,多用于治疗与情绪改善,生活环境中的寻常气味及其对空间认知影响的普遍规律并没有得到深度挖掘。研究方法多为实验室研究,实验室研究虽对变量控制得较为精确,但仍代替不了真实环境中各种变量刺激下的综合体验。研究变量的控制较为单一,往往是气味的有无这一个控制变量,而气味种类、浓度所带来的影响的深入探究则鲜有涉及。

③以前的感官交互研究有助于加深对环境体验和感官设计的理解,但国内外关于听觉与嗅觉的交互环境设计均尚未展开。现有的感官交互研究多与视觉相关,并集中在视听交互上,视觉与听觉因素具有调节彼此感知的作用。声音与气味同样作为人感知城市环境的重要媒介,两者是否具备同样的潜力,声音与气味是否会对彼此的感知产生影响,具体的影响是什么,以及其相关规律均有待研究。

1.3 概念界定及基础理论

1.3.1 城市公共开放空间

城市公共开放空间(urban public open space)目前尚无统一定义,由于其公共性与开放性,具有限制性的界定概念都会有局限性,因而目前关于它的定义均是从不同角度进行归纳的。英国《大都市空间法》[139]将开放空间定义为"任意围合或不围合的土地"。凯文·林奇(Kevin Lynch)将其定义为"任何人都能在其中自由活动的空间"[140]。根据城市公共开放空间的特征,其主要涵盖了广场、街道、公园、绿地、居住区户外空间等。

城市公共开放空间是一个包容人、建筑、环境设施等内容的集合,空间的使用者在其中进行各类活动,而公共开放空间周边及内部的建筑又可以满足人们的各类需求,使人们得到舒适的环境体验,引导使用者充分享受环境氛围。除了满足人们的穿越要求,还需吸引人们来此地活动,因此城市公共开放空间的类型及功能较其他城市空间更为全面,从而使其所包含的声源、嗅源都较其他空间更为丰富。

本书中的城市公共开放空间是指面向城市居民的开敞性户外空间,根据以往的城市公共开放空间研究中的常见研究对象,综合考虑声源、嗅源的丰富性及易获得性,以及人群样本的充足性,本书主要将研究对象限定为街道、公园、广场。

1.3.2 感知(觉)

感知,心理学名词,是指感知觉,包括感官感觉(sensation)和知觉(perception)两个部分,是外界刺激在接触到感觉感受器后,人所产生的对事物某些属性的反映,是其他心理现象的根本。具体而言,为了在大脑中对外部环境进行重构,人们需要将从外界识别的各种信息转化为神经信号,该过程不仅反映人们所接受到的事物的某些属性,而且体现了人们身体各处的运动和状态。按刺激的源头,感觉分为两类[141]:一类称为外部感觉,包括视、听、嗅、味、触五感,外部感觉通过体表或接近体表的感受器来体验环境;另一类称为内部感觉,它反映了机体内产生的变化,其感受器位于人体深处或体内器官的表层,具体包含平衡觉、机体觉以及运动觉等。同时必须对外界获取的信息进行精神的处理以及加工,此过程称为知觉。感觉和知觉相互关联,它们几乎是无法分割开的。

人类通过对外界的不同感知认识到事物的不同属性,感知是各种复杂心理过程的基础。从该层面而言,人对世界的全部知识来源即是感知[142]。

1）五感

五感属于外部感觉部分,分别为视觉、听觉、嗅觉、味觉、触觉[143]。

视觉的产生主要通过光,其感受细胞在光的作用下达到兴奋状态,并且经视神经系统处理后生成视觉信息。人们可以通过视觉掌握环境中物体的体量、色彩、运动状态等,以此获取其生存所需的有用信息。在各种设计理论中,关于视觉形态的内容始终是其重点。通过视觉,人们对环境产生各种各样的体验,这些丰富的感觉会对人产生不同的心理影响。

听觉的产生则主要通过声波,其感受器在声波的作用下达到兴奋状态,听觉中枢在各个级别分别对听觉信息进行处理,之后便触发了听觉。听觉的重要性仅次于视觉,是人感知外部环境的重要工具。

嗅觉由鼻三叉神经系统以及嗅神经系统组成。在环境空间中,嗅觉感受通常与视觉、听觉相辅相成。鼻黏膜的腺细胞会分泌一种黏液,气味分子溶解在其中,继而扩散到接受器的纤毛上,从而引起人的嗅觉。由于个体对气味接受程度差异,不同的人可能会对同一种气味产生不同程度的喜好或厌恶。

触觉是指触觉感受器接触机械刺激而引起的感觉的总称。皮肤就是人类的触觉感受器,对于大部分动物而言,其触觉感受器通常都是布满整个身体的。当视觉、听觉、嗅觉发生时,刺激因素可以与产生感觉者保持相对的距离,但触觉的引发却只能通过零距离触碰。

味觉是味觉感受器在受到刺激后,神经系统将刺激信息传导到大脑的味觉中枢,之后经由神经中枢系统处理后而产生。味觉同样属于需通过零距离接触才会产生的感觉。

视、听、嗅觉与味、触觉在对外界环境的感受过程上存在着特征差异:前三者通常产生于人们无意识的行为,如人们感受到远方的音乐声从无到有、由远及近;后两者的发生则更依赖于人们的主观意愿,如人们往往自主决定是否触摸某件物体或吃某样东西[144]。因味、触觉对城市公共开放空间进行有效体验较为局限,故视、听、嗅觉成为人们感知城市的重要媒介。

2）感官交互

"感官交互"是感觉的一个分支，主要是感觉中"五感"任意数量的组合，它们之间不是孤立的，而是相互影响和作用的一种多模态形式。当人们对外界环境中的信息以某一种感官通道进行接收时，会导致另一种感官通道的感知产生变化。随着科技的发展和研究的逐渐深入，研究者还发现了除五感之外的几种人体感官，如温感、平衡感等。除上述"五感"之外，"感官交互"理论中还包括五感与其他感官等的任意数量组合。

1.3.3　城市的声音

声音（sound）是由物体振动产生的声波，在介质中传播后，被听觉器官所感知的现象[145]。频率在 20 Hz ～ 20 kHz 的声音是可以被人耳识别的。

对于环境和生理学层面而言，"噪声"是指令人产生厌恶感和人们所不想要的声音，包括打扰人们休息、工作以及学习的声音，还有对身体健康有危害的声音等[146,147]。

城市声音按来源可分成 3 类，分别为自然声、人为声与人工声[46]。自然声由自然现象及人以外的生物发出，如鸟鸣、虫鸣、风声等。人为声通过人自身的行为发出，如交谈声、喊叫声、脚步声等。人工声则通过人造机械等发出，如机械振动声、交通声等。

1.3.4　城市的气味

气味（odour）是嗅源散发并由嗅觉所感受到的味道，是评价空气质量的重要因素之一[148]。

作为人与环境之间沟通交流的重要媒介，气味表达了环境与空间的精神层面内涵，传达了空间的情绪与特色，在这种刺激下，人们对环境产生了多样的情感体验，包含悲伤、喜悦、孤独、兴奋等。因此在对空间的氛围感进行营造时，气味起到的作用不容忽视。

城市的气味可分为 3 个层面:背景气味提供了宏观层面的气味环境基调,它与声景中的基调声相对应;特定地区占主导地位的气味如工厂释放的气味、大海的气味,它们与背景气味相混合形成城市中观层面的气味,与声景中的前景声相对应;微观层面气味则指那些强烈、多变和短暂的局部气味,它们与声景中的声标相对应,用专门的词语"嗅标(smellmark)"来形容[76],嗅标最早由Porteous[55](1990)提出,是指特定地方、街区或城市内区别于其他区域的气味。中观层面气味往往因其种类丰富且具有地域性,时刻影响着人们的生活,是建筑与城市设计的主要对象。本书的研究对象主要为城市中观层面的气味。城市公共开放空间的气味类型按其来源划分,主要包括植物气味、食物气味、污染气味、建造材料气味、人与动物的气味等[149]。其中前三者较为常见,植物气味主要包括芳香植物、树木、草地等散发的气味;食物气味主要包括菜市场、面包房、咖啡厅、烧烤摊、饭店等散发的气味;污染气味则指小范围工厂排放的气味、垃圾味、烟味、排泄物味、汽车尾气、下水道味等。本书主要研究这 3 种气味。

1.4 研究内容与方法

1.4.1 研究内容

本书从声音、气味、使用者、环境的角度进行城市公共开放空间的嗅听交互研究,研究内容可总结为以下 4 个部分:

(1)城市公共开放空间嗅听交互现状

通过实地感官漫步了解人们对城市公共开放空间嗅听交互环境的感知与期望,具体调查参与者对城市公共开放空间的声音、气味、声环境、气味环境的感知,对嗅听交互作用下的感官预判,以及人们希望(或不希望)在城市公共开放空间中听到（或闻到）的声音（或气味），从而为实验室研究的设计提供合理依据。

（2）嗅听交互感知效应

在证明了城市公共开放空间中嗅听交互作用的存在后，在实验室研究中选取城市中的 3 种典型声音与 4 种典型气味作为感官刺激变量，并控制声音刺激的音量与气味刺激的浓度，在不同嗅听变量组合下进行主观评价问卷调查，探究声音与气味因素对彼此感知与整体感知的影响趋势及交互作用，以及具体影响程度。

（3）嗅听交互对人群行为的影响

心理的变化必然带来行为的改变，参考实验室研究的结论，选取存在典型气味的调研地点（植物气味、食物气味、污染气味），通过人为施加城市空间中的典型声源（音乐声、风扇声）达到嗅听因素的组合，并采用无人机进行人群行为的实地观测，对观测到的人群从路径、速度、停留时间 3 个方面分析嗅听交互对其的影响。

（4）城市公共开放空间嗅听交互环境设计策略

针对研究结果提出基于"嗅听要素—环境—使用者"的城市公共开放空间嗅听交互环境设计策略，具体包含理论模型的建立及总体设计目标与原则、根据设计目的确定设计方法、嗅听要素的选择、嗅听要素与环境的总体调控、嗅听要素间的组合与布局、关注使用者的行为 6 个方面，旨在改善和发展城市的多感官环境。

1.4.2　研究方法

（1）文献研究

通过对国内外与本研究相关的文献进行整理，系统地分析各领域的成果，追踪声景、嗅景以及感官交互研究的最新动态，为研究积累理论基础。

（2）实地调研

对具有代表性城市公共开放空间进行实地调研，分别进行感官漫步与人群行为观测。感官漫步包括调研地点及漫步路线、问卷设计、实验被试选择、客观环境测量等。人群行为观测包括调研地点及嗅源选择、声源选择、感官环境测量、人群行为的观测与分析，观测行为的无人机在满足飞行条件时对人群进行隐蔽录制，从而在无干扰条件下得到人群的路径、速度、停留时间等数据。两个实验中涉及的客观测量是指对声环境进行现场测试，测量相关的声学与物理环境指标，分析城市公共开放空间的环境特性，所获得的客观参数成为主观评价数据的基础。

（3）实验室研究

通过实验室的变量控制研究声音与气味对彼此感知与整体感知的影响程度，具体通过控制声音种类、音量、气味种类、浓度，对不同条件下的声音与气味加以组合，并在不同的嗅听因素组合下对被试进行实验室内的主观问卷调查，从而更精确且系统地对嗅听交互感知效应进行研究。

（4）统计分析

运用统计分析的方法对主观问卷结果和同步测试的数据进行整理和分析，具体采用的方法包括描述性统计分析、相关分析、典型相关分析、T 检验分析、单因素与多因素方差分析、重复方差分析等。

1.5　论文研究框架

本书主要研究内容包括 6 章（见图 1.1），可分为 4 个部分：第一部分为绪论（第 1 章）；第二部为研究方法（第 2 章），包括实地感官漫步、实验室研究、实地人群行为观测；第三部分是对研究结果进行的综合分析，揭示城市公共开放空间嗅听交互的内在规律（第 3—5 章）；第四部分是针对上述分析结果而提出的城市公共开放空间嗅听交互环境的设计策略（第 6 章）。

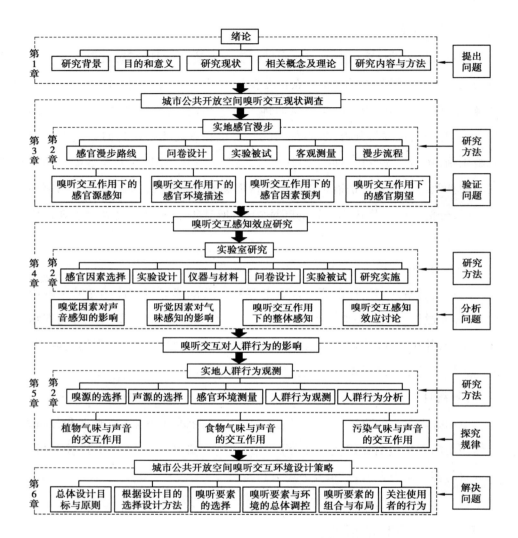

图 1-1　主要研究内容框架

第 2 章　嗅听交互研究方法设计

本章对嗅听交互研究的方法进行设计,具体采用实地调查与实验室研究相结合的方法,通过实地感官漫步发现城市公共开放空间的嗅听交互现状,验证城市空间中的嗅听因素是否能对彼此的感知产生影响。通过实验室研究对嗅听因素变量进行控制,探索不同声音与气味因素组合下的嗅听交互感知效应。采用实地观测的方法,对城市中存在典型的声音与气味组合的地点进行人群行为观测,探索城市公共开放空间中人群行为的普遍规律。

2.1　实地感官漫步

感官漫步(sensewalk)是一种从感官角度研究城市环境的常见方法,Adams和 Askins[150](2009)将其描述为一种"调查和分析我们如何理解、体验和利用空间"的方法,通常涉及专注于通过一种或多种感官获得的感官环境信息。自 20世纪 60 年代引入感官漫步以来,许多学科以不同的方式将其运用于研究、教育等领域。最早有记录的感官漫步实例之一是 Southworth[151](1967)实施的,他的研究主要专注于城市声环境,同时也研究感官(主要是视觉和听觉)之间的相互作用。在此过程中,Southworth 观察到,被试在失去视觉的情况下,更有可能获取听觉和嗅觉信息。研究表明,感官漫步在城市环境研究中具有很大优势,人们的感知状态由被动状态转变为主动接纳状态,从而更关注感官因素的构成,并结合定性以及定量特征。它的优势还表现在,可以通过较短时间和较少的人数获得准确度相对高的调查结果,特别是那些专业性较强、普通人较难理解的问题上[76,152,153]。

声漫步(soundwalk)是识别城市声环境及其组成部分的常见感官漫步方式之一,它由Schafer在20世纪60年代设计[10]。声漫步需要在漫步途中使用相关设备实时记录声环境信息,并对沿途声景进行实时评价[154],是一种用来让实验对象通过听觉来感知声环境和描述城市的常见研究方法[155]。Jeon等[156](2011)通过声漫步法研究了非听觉因素对声景的影响。Liu等[157](2014)采用声漫步法探究了视觉因素对城市公园声景的影响。许多研究者将声漫步的方法引入研究中,并提出了建议的评价过程[158-160]。近年来,科研人员还利用气味漫步(smellwalk)来研究人们对城市气味环境的感知。与声漫步类似,气味漫步也需要被试对城市的沿途嗅景进行实时评价。Bouchard[161](2013)将气味漫步运用在城市评价中,用以探索和描绘人们在沿既定路线漫步时的气味记忆。Henshaw[76](2014)在英国的唐卡斯特市进行了气味漫步,并研究了城市气味环境的感知与期待。

然而,以往的感官漫步研究多集中在一种感官上,或者将另一种其他感官刺激作为影响某一种感官感知的因素,并没有对两种感官及彼此间的交互影响进行深入研究。本研究采用感官漫步法,将声漫步与气味漫步相结合,旨在探索在城市公共开放空间中,多种声音和气味作用下,人们对声音、气味、声环境、气味环境的感知和对城市的嗅听感官期望,具体希望解决以下4个研究问题:

①人们如何评价城市公共开放空间嗅听交互下的声源和嗅源?

②人们如何评价城市公共开放空间嗅听交互下的声环境和气味环境?

③人们如何主观判断气味对声音感知的影响程度,以及声音对气味感知的影响程度?

④人们对城市公共开放空间的声音和气味的期望是什么?

2.1.1 调研地点及漫步路线

调研地点在选择时需考虑其是否具有丰富的、城市中常见的声源及嗅源,同时,为避免视觉因素干扰,区域内如建筑、植被、道路、天空等典型视觉因素的比例应保持基本一致[157,162]。在整个漫步路线中,需要涉及多种城市公共开放空间,以探寻不同空间环境条件下的嗅听交互规律。对于统计信息较全的公共开放空间中的公园而言,哈尔滨市的公园主要分为市区两级管理:区属公园86个;市直公园4个,分别为北方森林动物园、儿童公园、湘江公园、兆麟公园。其中,森林动物园、儿童公园较为特殊,受众群体独特;湘江公园与兆麟公园受众较广,但湘江公园周边均为住宅区,空间类型较为单一,而兆麟公园则紧邻中央大街步行街。调研发现,从兆麟公园至中央大街沿途存在的声源及嗅源均为城市空间中常见的种类,在积极、中性、消极方面均有所涉及,具有一定的代表性。综上,选取哈尔滨兆麟公园、西五道街及中央大街步行街作为调研地点,感官漫步路线贯穿其中,这3个地点分别代表着城市公共开放空间中的公园、街道及步行街。兆麟公园建立于1906年,占地面积8.4 hm^2,内部植被丰富。西五道街连接着兆麟公园与中央大街,并与中央大街相垂直,其中车道宽约10 m,两侧建筑高约25 m。中央大街为一条繁盛的商业步行街,始建于1900年,所在区域是历史保护街区,建筑风格一致,均为文艺复兴、巴洛克等传统风格。步行街宽度约20 m,两侧建筑高度约20 m,北部尽头为防洪纪念塔广场,南部与新阳广场相连,总长1 400 m。沿漫步路线共设置11个测点,被试停留在测点处进行主观问卷作答。测点1至6设置在中央大街上,测点7、8设置在西五道街,测点9至11设置在兆麟公园内,如图2-1所示。

　　被试进行主观问卷作答的测点参数见表2-1。在商业步行街、街道、公园3种类型的空间中,均存在主导声源相同而主导嗅源不同,或者主导嗅源相同而主导声源不同的情况,以便进行比较。测点1至6均位于步行街的固定扬声器旁,播放统一音量的音乐,测点1比测点2多了烤红肠的气味;测点3和测点4位于同一条横穿过步行街的马路两侧,并且距马路的距离相等,测点3比测点4多了面包房的气味;测点5与测点6紧邻同一个餐饮区,测点5比测点6多了商铺的广播声;测点 7 与测点 8 位于同一条街道,测点 8 比 7 多了下水道的气味;测点 9 比测点 10 多了交通声,测点 11 比测点 10 多了音乐声。

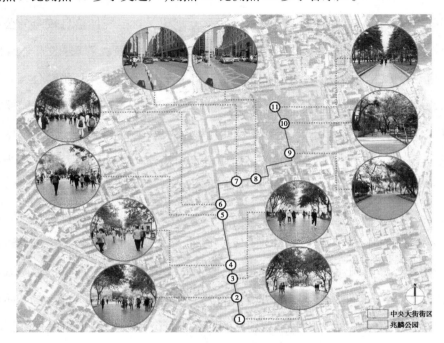

图 2-1　感官漫步路线及主观评价测点

表 2-1　漫步路线测点参数

测点	空间类型	主导声源	主导嗅源
1	商业步行街	交谈声、音乐声	烤红肠
2	商业步行街	交谈声、音乐声	无
3	商业步行街	交谈声、音乐声、交通声	面包房
4	商业步行街	交谈声、音乐声、交通声	无
5	商业步行街	交谈声、音乐声、广播声	饭店油烟
6	商业步行街	交谈声、音乐声	饭店油烟
7	街道	交通声	无
8	街道	交通声	下水道

测点	空间类型	主导声源	主导嗅源
9	公园	鸟鸣声、交通声	草木
10	公园	鸟鸣声	草木
11	公园	鸟鸣声、音乐声	草木

2.1.2　问卷设计

1）问题设置

问卷的每个部分分别对应 4 个研究问题：感官源评价、整体感官环境评价、感官彼此影响程度判断、感官期望。

在第一部分中，被试需描述嗅听交互下的声源与嗅源感知。被试要求按照感知程度深浅列出自己在指定位置听到的声音，第一个写下的为感知程度最深的声音，之后对该声音的声舒适度、主观响度、该声音与环境的协调度进行评价，这 3 个指标是声环境评价中最基本、常用的，其侧重角度各不相同[36]。之后写下第二个感知到的声音，以此类推，直至将所有感知到的声音都列出并评价（最多 5 个）。按感知印象由深至浅，将所列出的声音赋予"5→1"得分。对应地，被试还需按照感知程度深浅列出自己在指定位置闻到的气味，同样赋予"5→1"得分，并进行气味舒适度、主观浓度、该气味与环境的协调度评价。

在第二部分中，被试需描述嗅听交互下的声环境与气味环境感知。首先进行预实验对声环境与气味环境的评价指标进行筛选，感官环境的主观评价采用语义细分法，目前国内外的研究形成了广泛的语义评价指标。表 2-2 列出了 48 组常用以描述声音与气味的形容词对，按照其属性不同，可分为满意度、强度、波动性（动态性）和社会因素[24,50,66,163-167]四类。在预实验中，50 名被试要求从给定形容词对中选择出适宜描述城市声环境与气味环境评价的指标，数量不限。之后根据每组指标的被选次数确定城市声环境与气味环境评价指标各 11 组（表 2-2），在表中以粗体显示。筛选形容词对时主要考虑：指标的被选次数大于等于总预实验参与人数的一半；所选指标在 4 类评价维度均有所涉及；被试对 11 组指标的评价时间较适宜，利于控制整体问卷答题时间。

在第三部分中，被试需要对五感在感知城市中的重要程度进行排序（最重要顺序为 1，最不重要顺序为 5），并回答主观上气味对声音感知的影响（增强、不改变、削弱）和具体程度，以及声音对气味感知的影响（增强、不改变、削弱）和具体程度。

表 2-2　描述声环境与气味环境的常见形容词对

分类	声音形容词对	被选次数	分类	气味形容词对	被选次数
满意度（satisfaction）	**舒适-不舒适**	31	满意度（satisfaction）	**舒适-不舒适**	31
	喜欢-不喜欢	31		**喜欢-不喜欢**	30
	愉快-不愉快	29		**新鲜-陈腐**	30
	安静-吵闹	29		**洁净-肮脏**	26
	有趣-无趣	9		**平静-烦躁**	25
	平淡-多彩	8		健康-不健康	10
	积极-消极	8		生机勃勃-死气沉沉	5
	健康-不健康	3		平淡-多彩	8
	美丽-丑陋	2		有趣-无趣	3
				高兴-悲伤	2
				积极-消极	2
				美丽-丑陋	1

续表

分类	声音形容词对	被选次数	分类	气味形容词对	被选次数
强度 （strength）	温和-刺耳	36	强度 （potency）	清淡-浓郁	45
	强-弱	26		温和-刺激	28
	衰弱-旺盛	20		重-轻	9
	高-低	18		硬-软	2
	重-轻	15		尖-钝	2
	尖-平	11		衰弱-旺盛	2
	硬-软	3		圆滑-尖锐	1
	坚固-易碎	2		坚固-易碎	1
波动性 （fluctuation）	平静-兴奋	25	动态性 （activity）	单一-混合	27
	混乱-单调	25		远-近	9
	有力-无力	20		深-浅	7
	远-近	19		清澈-浑浊	6
	清晰-模糊	19		湿-干	4
	回响-死寂	14		充满-空洞	4
	有序-混乱	13		清晰-模糊	4
	简单-复杂	11		简单-复杂	4
	单一-混合	11		稳定-不稳定	3
	单调-多变	9		有序-混乱	3
	清澈-浑浊	8		光滑-粗糙	2
	光滑-粗糙	7		动态-静态	2
	稳定-不稳定	5		快-慢	1
	动态-静态	5			
	定向-到处	4			

续表

分类	声音形容词对	被选次数	分类	气味形容词对	被选次数
社会因素（social）	熟悉-陌生	27	社会因素（social）	熟悉-陌生	28
	协调-不协调	25		自然-人工	27
	多事件感-无事件感	25		协调-不协调	26
	紧张-放松	20		友好-不友好	9
	男性-女性	13		安全-不安全	7
	自然-人工	12		寻常-不寻常	7
	虚幻-真实	11		紧张-放松	6
	友好-不友好	9		男性-女性	6
	明-暗	8		有意义-无意义	4
	社会性-非社会性	5		热-冷	3
	有意义-无意义	4		明-暗	2
	新-老	4		新-老	2
	被动-主动	4		聪明-愚笨	1
	安全-不安全	4		被动-主动	1
	热-冷	3		社会性-非社会性	1
	聪明-愚笨	1			

在第四部分中,感官漫步结束后被试需要填写在城市公共开放空间中希望或不希望听到的声音有哪些,以及希望或不希望闻到的气味有哪些,以反映其对城市公共开放空间的声环境与气味环境的感知期望,并且写下其他任何在漫步中的想法或体会。感官漫步部分问卷问题的设置及其目的见表 2-3。

表 2-3　感官漫步问卷问题的设置及其目的

	相关问题	设置目的
感官源感知	此刻能听到的声音有哪些（按印象程度由深至浅填写），以及对它在整体环境中的感受如何 此刻能闻到的气味有哪些（按印象程度由深至浅填写），以及对它在整体环境中的感受如何	了解被试对城市公共开放空间嗅听交互作用下的单一声源与嗅源的感知情况
整体感官环境感知	此刻对声环境的感受如何 此刻对气味环境的感受如何	了解被试对城市公共开放空间嗅听交互作用下的声环境、气味环境的感知情况
感官彼此影响程度判断	五感在感知城市中的重要性排序如何 气味是否会增强（不影响或削弱）声音感知，以及影响程度如何 声音是否会增强（不影响或削弱）气味感知，以及影响程度如何	了解被试对五感的重视程度，以及被试对城市公共开放空间嗅听交互作用下的气味对声音感知的影响、声音对气味感知的影响的主观判断情况
感官期望	希望/不希望在城市中听见哪些声音 希望/不希望在城市中闻到哪些气味	了解被试对城市公共开放空间中的声音与气味的感知期望

2）量表构建

声景研究属于心理学和社会学的研究范畴。与客观性的、可测量的指标不同，心理学和社会学的测量方法不如前者直接，一般通过量表来测量，可以反映出所测目标的不同程度[52]。在声景研究中，较为常用的为语义细分量表（semantic differential scale）和李克特量表（Likert scale）。

语义细分量表最初由美国心理学家 Osgood 提出[168]，其形式是将两组含义相反的形容词置于两端，划分为 7 个等级，中间等级标记为 0，两侧 6 个等级代表评价指标的不同程度，即 7 个等级分别为 -3、-2、-1、0、1、2、3。该量表多用于对声景的不同角度进行评价，通过各种不同的评价指标更加全面地对其进行描述，但此种量表对所选取的形容词对的描述性与逻辑性要求均较高。

李克特量表由美国社会心理学家 Rensis Likert 提出[169]。李克特量表的形式与语义细分量表类似，同样由形容词对组成，但是对其只有逻辑性要求而并没有过多的描述性要求，一般分为 5 个等级，分别记作 1 至 5 分。李克特量表在感官交互感知研究中十分常用，Lindquist[117]（2016）用其对城市公共开放空间的视听交互感知进行了研究。李克特量表的优势在于：设计容易，对描述词语的要求较低；使用范围广，可以在维度更多、态度更为复杂的情况下使用；一般而言其信度比其他量表高。

鉴于此，本研究所涉及的问卷均选取李克特五级量表，以声舒适度为例，1 至 5 分分别表示非常不舒适、不舒适、适中、舒适、非常舒适，主观评价量表见表 2-4。

表 2-4　感官漫步问卷主观评价量表

	相关问题	量表设置
感官源感知	此刻能听到的声音有哪些（按印象程度由深至浅填写），以及对它在整体环境中的感受如何	不舒适←1—2—3—4—5→舒适
		安静←1—2—3—4—5→吵闹
		不协调←1—2—3—4—5→协调
	此刻能闻到的气味有哪些（按印象程度由深至浅填写），以及对它在整体环境中的感受如何	不舒适←1—2—3—4—5→舒适
		清淡←1—2—3—4—5→浓郁
		不协调←1—2—3—4—5→协调

续表

	相关问题	量表设置
整体感官环境感知	此刻对声环境的感受如何	不舒适←1—2—3—4—5→舒适
		温和←1—2—3—4—5→刺耳
		不愉快←1—2—3—4—5→愉快
		安静←1—2—3—4—5→吵闹
		不喜欢←1—2—3—4—5→喜欢
		陌生←1—2—3—4—5→熟悉
		弱←1—2—3—4—5→强
		平静←1—2—3—4—5→兴奋
		无事件感←1—2—3—4—5→多事件感
		单调←1—2—3—4—5→混乱
		不协调←1—2—3—4—5→协调
	此刻对气味环境的感受如何	不舒适←1—2—3—4—5→舒适
		清淡←1—2—3—4—5→浓郁
		不喜欢←1—2—3—4—5→喜欢
		陈腐←1—2—3—4—5→新鲜
		陌生←1—2—3—4—5→熟悉
		温和←1—2—3—4—5→刺鼻
		混合←1—2—3—4—5→单一
		人工←1—2—3—4—5→自然
		平静←1—2—3—4—5→烦躁
		肮脏←1—2—3—4—5→洁净
		不协调←1—2—3—4—5→协调

续表

	相关问题	量表设置
感官彼此影响程度判断	五感在感知城市中的重要性排序如何	—
	气味是否会增强(不影响或削弱)声音感知,以及影响程度如何	不明显←1—2—3—4—5→明显
	声音是否会增强(不影响或削弱)气味感知,以及影响程度如何	不明显←1—2—3—4—5→明显
感官期望	希望/不希望在城市中听见哪些声音	—
	希望/不希望在城市中闻到哪些气味	—

3)问卷的信度与效度

为确保实验结果的真实可靠,在实验室研究部分对结果进行信度与效度检验。

（1）信度

信度代表测量结果的一致性以及稳定性。以往的研究通常采用以下检验方法:再测信度、复本信度、折半信度和 Cronbach α 信度。再测信度是指对同一组样本进行问题相同的两次测试,并统计两组答案的相关系数。复本信度是指对同一组样本采用两个或两个以上的平行测验,通过对每个答案占复本中的分数来计算其相关系数。折半信度是将样本在一次测验中获得的结果分为两组,计算两组分数的相关系数。Cronbach α 信度是通过每题得分的方差、协方差矩阵,或相关系数矩阵,计算各题间的同质性,得出唯一的信度系数[170,171]。实验中若被试填写问卷时间过长会导致疲惫,影响实验结果的质量,多次测量费时费力,研究通常采用 Cronbach α 信度检验法,本研究采用此方法。

Cronbach α 信度系数 α 在 0.6 以下时代表问卷一致性不足,α 在 0.7 ~ 0.8 时证明样本已具有相当的信度。本研究中得到总体信度 $\alpha = 0.857$,感官漫步研究问卷的信度满足要求,可进行结果分析。

(2)效度

效度是指测量的有效度或准确度,本研究中指通过问卷检测被试主观感受的有效程度。效度的检验方法一般为结构效度、表观效度和准则效度。表观效度较难量化,准则效度需要二次测量,故本研究不采用。在结构效度部分,本研究采用 KMO(Kaiser Meyer Qlkin)系数进行检验,其值的范围为 0 ~ 1,当其大于 0.7 时,说明结构效度良好[172]。本研究问卷的 KMO 检验结果为 0.921($p = 0.000<0.01$)。

2.1.3　实验被试

听觉与嗅觉的敏感度均会随年龄的增加而逐渐降低,本研究的被试主要选择青年人组,年龄范围为 18 ~ 35 岁,平均年龄 26 岁。本实验共有 37 名被试参加,其数量的确定主要参考以往感官漫步实验的研究经验,以往的研究中,实验人数通常为 10 ~ 20 人,考虑实验样本的个体差异性,本实验适当扩大了样本规模,若参与人数过多,则人群本身就会对空间的感知产生影响。此外,所有被试均自述为听、嗅能力正常者,并且实验当天没有被试擦香水以及无吸烟者、怀孕者等其他影响实验结果的样本[76]。男女比例分别为 54.1% 与 45.9%。

2.1.4　客观测量

本研究所涉及的仪器见表 2-5。气味作为空气质量的重要特征,其测量的主要方法有分析法和感官法,具体包含嗅觉测量法、气相色谱分析法、质谱分析法、光学传感器测量法等[173]。通过使用仪器，一些化学成分可以根据质量浓度被客观量化，但通常这种方法不能充分评估气味，因为它不是对气味的直接测量。气味反应通常发生在化合物浓度很低时，而且几种物质共同作用，通过物理或化学测量的方法分析气味和评估它们的影响在现阶段是极其昂贵或根本不可能[174]。此外，在气味测量时，并不总是能够鉴别出数量有限的示踪化合物，也不可能将气味浓度与气味属性直接联系起来，考虑某种气味化合物可能不足以说明有效的气味感知[175]。与视觉、听觉和触觉环境相比，城市的气味不完整、不清晰，在任何时间或地点的检测不能代表整个区域的气味环境[176]。基于此，人类的嗅觉是目前评估气味、区分气味和适应环境最敏感的工具[76]。气味根植于文化和信仰体系中，并与记忆、位置和环境密切相关，这使得在特定化学物质的浓度和感知之间建立直接关系变得困难。本研究的重点在于人的感知，因此本研究对气味的浓度主要考虑被试对其的主观评价。城市的气味环境与背景空气质量及各种气味息息相关。空气质量指数(air quality index，AQI)是定量描述空气质量状况的非线性无量纲指数，其值越大代表空气污染越严重。为了避免宏观层面的背景空气质量对实验结果的影响，实验时空气质量指数需在 50 以下(优级)，在实验当天对空气质量指数进行监测，通过所调研城市的环保网提供的空气质量数据进行参照分析，测试当天的空气质量指数为 26。

表 2-5　测量仪器及用途

仪器	示例	型号	用途
声级计		BSWA801	测量声压级
8 通道便携式采集前端及移动录制播放系统		SQuadriga II BHS I	记录现场声环境

续表

仪器	示例	型号	用途
360 度相机		GoPro Fusion 360	拍摄全景照片,记录现场环境
温湿度计		FLUKE971	测量温度及湿度
风向风速仪		FB-8	测量风速及风向

　　研究地点所处环境的风速与风向、温度、湿度等会影响结果。在实验被试进行感官漫步时,实验员对调研地点的物理环境进行观测,选择温度、湿度较稳定,以及风速较小的时间进行感官漫步。当测点紧邻马路时,观测车速、车流量等辅助项目。为避免其他物理因素对结果造成影响,测试当天温度为 16 ~ 18 ℃,相对湿度为 55% ~ 60%,风速控制在 4 m/s 以下。

　　当被试在感官漫步路线的每个测点进行停留及问卷作答时,用声级计测量其所在位置的声压级,测量间隔为 10 s,连续测量 5 min。同时用 8 通道便携式采集前端及移动录制播放系统进行录音。声级计和录音机的位置位于地面上方 1.5 m,并与任何可能的反射面均至少有 1.5 m 的距离,以避免反射声对实验结果造成影响[177]。客观测量结果见表 2-6,具有可比性的测点间的客观测量指标无显著差异,说明可以排除其对实验结果的影响。

　　为了控制视觉因素,对每个测试地点采用 GoPro Fusion 360 度相机进行全景照片拍摄,固定相机的三脚架位于地面上方 1.5 m。之后在全景照片中提取建筑物、植被、设备、路面和天空 5 种视觉要素,通过在打印的全景照片上叠加

5 mm×5 mm 网格来计算其在每张照片中的百分比[153]，从而对视觉因素进行定量化处理。已有研究表明，通过数码照相技术所产生的 15% 以下的人工几何变化对于人类被试者来说是不能识别的[178]。具有可比性的测点的相同景观因素的几何差异小于 15%，因此本研究中不考虑视觉因素的影响。感官漫步中所有测点的景观因素百分比见表 2-7。

表 2-6 测点的客观测量参数

测点	声压级/dB	平均车速/(km·h⁻¹)	平均车流量/h	风速/(m·s⁻¹)	风向	平均温度/℃	平均湿度/%
1	69.2	—	—	2.5	9° 东南	17.4	56.3
2	70.4	—	—	2.8	8° 东南	17.7	55.6
3	71.3	40.0	954	3.3	5° 东南	17.3	55.6
4	70.7	38.6	936	3.4	6° 东南	16.8	56.2
5	70.4	—	—	2.8	10° 东南	17.7	56.6
6	68.9	—	—	3.0	9° 东南	18.0	56.8
7	66.4	42.6	1 026	3.5	南	16.9	55.4
8	65.3	41.0	1 014	3.9	南	16.5	55.7
9	59.4	—	—	3.1	南	16.5	58.3
10	51.1	—	—	2.7	南	16.1	59.6
11	53.3	—	—	3.0	南	16.3	58.8

表 2-7 测点的景观因素百分比

测点	植被	建筑物	路面	设备	天空
1	38%	23%	33%	1%	5%
2	32%	26%	35%	1%	6%
3	38%	20%	33%	2%	7%
4	32%	24%	33%	2%	9%

续表

测点	植被	建筑物	路面	设备	天空
5	35%	16%	34%	2%	13%
6	38%	16%	33%	2%	11%
7	—	21%	39%	22%	18%
8	—	25%	40%	18%	17%
9	56%	—	35%	1%	8%
10	49%	1%	31%	8%	11%
11	65%	—	26%	1%	8%

2.1.5　漫步流程

实验在一个晴朗工作日的下午 2 点 30 分进行,所有的被试沿着指定路线漫步。漫步之前,由实验员向被试解释问卷的相关问题。漫步开始后,被试在实验员的引导下行进或停留,在相应的测点感受环境,并且填好对应部分的问卷。整个漫步过程无交流,时长大约 60 min。研究员在实验中测量和记录每个测点的物理环境。漫步结束后,要求被试自愿向实验员分享漫步过程中的感受,同时实验员进行记录,最终将所有问卷回收。

2.2　实验室研究

本研究旨在探讨城市环境中典型的声音与气味交互作用下的感知效应。实地调查和实验室研究是感官交互作用的主要研究方法。实地调查在实际环境中综合因素作用下进行更具有真实性,正如 Engen[179] (1991)所说:"气味感知与人们所处的情境、区域的环境及生态状况都密不可分,对任何一种气味的看法均可能由环境及对其期望的改变而发生变化。"但是对于变量的精确控制而言,实验室研究比实地调查更具有优势。仅通过某种方式进行研究存在一定的局限性,需两种方法相结合。对实验室的感官交互研究,国内外的研究手段主要是于真实地点记录下感官因素片段(如采用录音机记录声环境因素,采用相机记录视觉因素)作为实验的变量,之后在室内营造身临其境的氛围,采用基于实验室研究的主观调查方法来获得人们的真实感受。在以往的研究中,通常一种感官只选择一种刺激,而且只涉及两种情况(存在或不存在该种刺激)。本研究通过在实验室进行变量控制来探究声音与气味对彼此感知的影响程度,具体通过控制声音的种类与音量、气味的种类与浓度,对不同条件下的声音与气味加以组合,并在不同的嗅听因素组合下对被试进行实验室内的主观问卷调查,试图使研究结果更加系统化、具体化,本实验解决的 3 个研究问题为:

①气味是否会对声音感知产生影响,具体影响趋势是什么?

②声音是否会对气味感知产生影响,具体影响趋势是什么?

③声音与气味是否会对整体感知产生影响,具体影响趋势是什么?

2.2.1 感官因素的选择

1)听觉因素的选择

对于听觉因素而言,城市的声音包含各种声源,其往往是自然声、人为声、人工声混合形成的复合声。由于空间功能设置或人群活动方式的差异,有些区域会存在一种或几种主导声源,因此听觉因素主要考虑自然声主导、人为声主导、人工声主导的声环境。在本研究中,自然声主导的复合声选择以鸟鸣声为主导;人为声主导的复合声选择以交谈声为主导;人工声主导的复合声选择以日常交通声为主导。同样地,三者分别代表了较为正面、中性与负面的声音[36]。

2)嗅觉因素的选择

对于嗅觉因素而言,考虑实验的可行性与嗅源的易获得性,在种类上选取城市中常见的植物气味与食物气味,污染气味对人体有害,涉及科研伦理问题,故不作考虑。对植物气味,城市中较为常见且易被人们识别的为芳香植物的气味,选择丁香花与桂花的气味作为研究的气味刺激来源,这两种芳香植物为城市绿化的常用品种。对食物气味,考虑实验室需要控制其浓度,选择有人工替代品的咖啡与面包的气味。此两种气味较单一,与饭店、市场等混合性与变化性较强的气味不同。

2.2.2　实验设计

嗅听交互的实验室研究旨在对嗅听交互感知效应进行探究,主要考虑的两个核心实验变量就是声音与气味,因此在实验中仅给被试呈现不同条件的声音、气味以及声音与气味组合,并不涉及其他给定的感官因素刺激。在此基础上,在变量控制中增加声音与气味的分类,以及声音的音量变化与气味的浓度变化,意图使研究结果更加深入具体。对于声音变量而言,在声压级的控制上分为 3 个水平:低音量、适中音量、高音量。对于气味变量而言,在浓度控制上同样分为 3 个水平:低浓度、适中浓度、高浓度。实验室中只有声音的情况下为 9 组实验,只有气味的情况下为 12 组实验,嗅听交互为 108 组实验。

2.2.3　仪器与材料

1)实验仪器

实验室研究所需要的仪器设备见表 2-8。

表 2-8　测量仪器及用途

仪器	示例	型号	用途
声级计		BSWA801	测量声压级

续表

仪器	示例	型号	用途
8 通道便携式采集前端及移动录制播放系统		SQuadriga Ⅱ BHS Ⅰ	录制不同种类的声音
数码照相机		Nikon N1	记录录制声音时的现场环境
人工头		HSM Ⅳ	对音频文件进行声压级校准

2）音频材料的录制与处理

音频的录制主要从声景的主导声源来考虑,之前介绍主导声源分别为自然声、人为声、人工声,因此本研究选择鸟鸣声、交谈声与交通声,并分别用 8 通道便携式采集前端及移动录制播放系统在实地进行声音录制。为了避免其他因素的干扰,选择主导声源明显且录制效果好的地点采集声音文件。鸟鸣声的采集地点为黑龙江森林植物园,交谈声的采集地点为哈尔滨中央大街步行街,交通声的采集地点为哈尔滨西大直街。录制时录音设备放置在垂直于地面 1.5 m 高处,每个音频录制 5 min,同时用相机对现场周边环境进行录制,以便在后期对照分析特殊的及造成干扰的声源产生的时间与位置。以交通声为例,对视频中的车流量进行观察与计数,除汽车外,货车、巴士、摩托车及任何其他车辆,均被排除在选择范围之外,以避免样本的频谱出现显著差异[128]。

之后从每个地点录制的音频剪辑 40 s 且具有代表性的片段样本作为实验的听觉刺激材料。研究显示,由于实地与实验室环境因素的差异,其背景声压级不同,从而使得在实验室模拟与实地同等的声压级时会显得主观响度过于大并导致被试不适[38]。在实验室进行研究时对实际的声压级进行一定的削弱,用人工头对音频材料进行声压级的校准,并用 Adobe Audition 软件进行声压级的增减处理,以 10 dB 为梯度分为 5 种声压级级别,并进行主观响度的预实验,随机选取 30 名被试进行主观响度的打分(以李克特五级量表来评价,5 个级别分别为:1-非常安静,2-安静,3-适中,4-吵闹,5-非常吵闹),选取评价为安静、适中、吵闹的样本所对应的声压级作为本实验听觉因素的控制水平。实验室内音频播放的声压级见表 2-9。

表 2-9　音频文件参数

主导声源	声音等级	播放声压级/dB				
		$L_{A,min}$	$L_{A,90}$	$L_{A,eq}$	$L_{A,10}$	$L_{A,max}$
鸟鸣声	低	32.7	28.4	38.5	43.3	42.5
	中	41.0	32.2	48.4	53.0	52.6
	高	50.2	40.9	58.0	63.0	62.3
交谈声	低	38.1	36.5	40.2	42.6	42.3
	中	46.8	45.7	49.9	52.6	52.2
	高	56.9	55.8	59.9	62.5	62.2
交通声	低	36.8	35.3	39.8	42.5	42.9
	中	45.9	44.5	49.4	52.2	52.7
	高	55.9	54.4	59.4	62.3	62.7

3)气味材料的选择与控制

嗅源选择人工制造的,其便于精确稀释从而可获得不同浓度的气味材料,避免了实物嗅源在视觉上的干扰。为使实验材料更真实,并确保所选取的嗅源可替代实物气味,在实验室对其进行了真实度预实验。选取不同品牌的代替每种气味的精油或香水各 3 个,尽可能选取天然成分萃取的品牌,以保证具有更高的真实性,由于面包气味只能人工合成,所以选取评价较高的品牌。真实度评价必须建立在对嗅源熟悉的基础上,选择 30 名闻过并熟悉这 4 种气味的被试嗅闻所选的嗅源材料,并对其进行真实度打分,真实度分为 5 级(1-非常不真实,2-不真实,3-适中,4-真实,5-非常真实),评价结果见表 2-10。

表 2-10　嗅源真实度评价

种类	嗅源	平均值	标准差
丁香花	品牌 1	4.60	.516
	品牌 2	4.20	.632
	品牌 3	3.70	.483
	合计	4.17	.648
桂花	品牌 1	4.70	.483
	品牌 2	3.90	.568
	品牌 3	3.60	.516
	合计	4.07	.691
咖啡	品牌 1	4.20	.632
	品牌 2	4.80	.422
	品牌 3	4.10	.568
	合计	4.37	.615
面包	品牌 1	3.60	.516
	品牌 2	3.50	.527
	品牌 3	4.00	.667
	合计	3.70	.596

结果显示所有品牌的嗅源材料真实度均超过 3.5,其中,丁香花嗅源材料中品牌 1 真实度最高,评分为 4.60;桂花嗅源材料中品牌 1 真实度最高,评分为 4.70;咖啡嗅源材料中品牌 2 真实度最高,评分为 4.80;面包嗅源材料中品牌 3 真实度最高,评分为 4.00。分别将真实度最高的嗅源材料样本选作实验的气味材料,其中,丁香花嗅源选择法国香水品牌 YVES ROCHER 的紫丁香型,桂花嗅源选择中国桂林香水品牌蒂菲诗的金桂香型,咖啡与面包嗅源选择法国香薰品

牌 Greenaroma 中的原味咖啡型与面包型香水补充液。

气味浓度设置为低、中、高 3 种,首先设定 5 种不同的浓度梯度样本,随机选取 30 名被试对其进行主观浓度评分(以李克特五级量表来评价,5 个级别分别为:1-非常清淡,2-清淡,3-适中,4-浓郁,5-非常浓郁),之后选取评价为清淡、适中、浓郁的样本所对应的稀释比例作为本实验嗅觉因素浓度的控制水平。本研究采用带体积刻度的注射器抽取嗅源材料,通过加入蒸馏水进行浓度梯度稀释调整[180],采用喷瓶均匀喷涂于医用棉球上,并置于烧杯内。经调试与预实验主观浓度评价后最终选取的低浓度、适中浓度、高浓度的嗅源材料与蒸馏水的体积比见表 2-11。

表 2-11　嗅源与蒸馏水体积比设定

	丁香花	桂花	咖啡	面包
低浓度	1∶5	1∶5	1∶10	1∶10
适中浓度	2∶5	2∶5	1∶5	1∶5
高浓度	4∶5	4∶5	2∶5	2∶5

2.2.4　问卷设计

1)问题设置

研究采取问卷调查的方法对实验室的被试进行主观评价调查,主要从声音感知、气味感知、嗅听交互感知 3 个方面提出。

在第一部分问卷中,被试需要描述声音感知。被试需评价所听到声音的声舒适度、声喜好度、声熟悉度、主观响度。前文已述对声舒适度与主观响度的选择原因,它们是声环境评价中最基本且常用的指标。声熟悉度是指人们对所听声音的熟悉程度,陌生的声音使人警惕,进而对其听觉感知产生影响。声喜好度是指人们对所听声音的喜爱程度,即使是受人喜爱的声音,不同情况下不一定带来舒适感。声音的熟悉度与喜好度也是常用的声音评价指标[36]。

在第二部分问卷中,被试需要描述气味感知。类似地,被试需评价所闻到气味的气味舒适度、气味喜好度、气味熟悉度、主观浓度。

在第三部分问卷中,被试需要描述整体感知。被试需评价整体舒适度、整体协调度。整体舒适度是指人们对所处环境舒适程度感知的总体印象,是衡量人们对环境感受的基本指标,其可以反映在听觉因素与嗅觉因素共同作用下人们对整体环境感知的变化。对于整体协调度而言,Knasko[74](1995)提出了"协调度"的概念,即某种感官因素与环境或与环境的某些方面的协调程度。研究表明即使单独存在的某种声音或气味会令人愉悦,感官刺激与环境彼此相协调时才会令人感到舒适,即使是令人愉悦的气味和声音,当其与周边环境不协调统一时,仍会使人们感到不适,而对于令人厌烦的气味与噪声而言,当其与环境相协调时也可能不会产生更多的反感[76]。选择此指标来体现听觉与嗅觉因素的协调性。问卷问题的设置及目的见表 2-12。

表 2-12 实验室研究问卷问题的设置及其目的

	相关问题	设置目的
声音感知	对所听声音的舒适度感受如何 对所听声音的喜好度感受如何 对所听声音的熟悉度感受如何 对所听声音的响度感受如何	了解被试对嗅听交互作用下的声音的感知情况
气味感知	对所闻气味的舒适度感受如何 对所闻气味的喜好度感受如何 对所闻气味的熟悉度感受如何 对所闻气味的浓度感受如何	了解被试对嗅听交互作用下的气味的感知情况
整体感知	对整体舒适度感受如何	了解被试对嗅听交互作用下的整体环境的感知情况
	对感官环境协调度感受如何	了解声音与气味的协调程度

2）量表构建

问卷选取李克特五级量表,并根据研究假设分别确定声音感知、气味感知和嗅听交互感知的量表,见表 2-13。同样地,以声熟悉度为例,5 个级别分别为:非常陌生、陌生、适中、熟悉、非常熟悉,依次对应 1 分至 5 分。

表 2-13 实验室研究问卷主观评价量表

	相关问题	量表设置
声音感知	对所听声音的舒适度感受如何	不舒适←1—2—3—4—5→舒适
	对所听声音的喜好度感受如何	不喜欢←1—2—3—4—5→喜欢
	对所听声音的熟悉度感受如何	陌生←1—2—3—4—5→熟悉
	对所听声音的响度感受如何	安静←1—2—3—4—5→吵闹
气味感知	对所闻气味的舒适度感受如何	不舒适←1—2—3—4—5→舒适
	对所闻气味的喜好度感受如何	不喜欢←1—2—3—4—5→喜欢
	对所闻气味的熟悉度感受如何	陌生←1—2—3—4—5→熟悉
	对所闻气味的浓度感受如何	清淡←1—2—3—4—5→浓郁
嗅听交互感知	对整体舒适度感受如何	不舒适←1—2—3—4—5→舒适
	对感官环境协调度感受如何	不协调←1—2—3—4—5→协调

3）问卷的信度与效度

为了确保实验结果真实可靠,在实验室研究部分对结果进行了信度与效度检验。本研究中得到总体信度 $\alpha = 0.893$,实验室研究部分的问卷信度满足要求,可进行结果分析。实验室研究部分问卷的 KMO 值为 0.797($p = 0.000 < 0.01$),达到检验标准。为了提高问卷的效度,使被试更加明确问题,尽量避免专业术语的使用,将其替换为简洁易懂的表达方式,并控制问卷问题的数量和问卷长度。

2.2.5 实验被试

考虑听觉与嗅觉的敏感度,被试选择年龄范围为 18 ~ 27 岁的青年人组,平均年龄 22 岁。本实验共有 168 名被试参加,其数量的确定主要参考以往相关的感官交互实验研究的经验,在以往的研究中,实验人数通常为 20~30 人[135],考虑到实验样本的个体差异性,以及为获得更准确的研究结果,本实验适当扩大了样本规模。所有被试均自述为听、嗅能力正常者,实验当天没有被试擦香水以及无吸烟者、怀孕者等其他影响实验结果的样本[76]。男女比例分别为 54.8% 与 45.2%。

2.2.6　研究实施

本研究的实施分为 3 组:第一组为听觉感知部分;第二组为嗅觉感知部分;第三组为嗅听交互感知部分。实验在测听室进行,室内封闭隔声、无风,墙面上均装有吸声材料及吸声结构,从而减小室内的混响与背景噪声给声环境带来的影响,以及空气流动给气味环境带来的影响。测听室中的 5 个音箱用来播放声音,其分别放置在室内正前方及四角,以形成立体声的效果,最大限度地还原实地录音,采用 RME FireFace UFX 声卡及 Genelec 声系统(包含 1038BC 前中音箱、1038B 前左右音箱、1037C 后左右音箱和低音音箱)。受试者坐于房间中央,前方有桌子用以回答问卷,所有被试均在同一环境及陈设中进行实验。实验室内除了必要的实验设备,无其他干扰注意力的物体[181]。为避免饥饿感对被试的食物气味感知产生影响,实验时间为上午 9 点至 11 点,下午为 1 点至 3 点[76]。实验时室内门窗封闭,温度控制在 25 ℃。

在听觉感知部分中,只有声音刺激而没有气味刺激,目的是使被试感受各个音频文件中的声音以及其声压级大小,采用问卷的形式使其对不同情况进行主观评价,以获得只有声音时的对照组数据。具体流程为:随机顺序播放 9 段音频(3 种主导声源,3 种音量级别,共 9 组),每段音频播放 40 s,与下一段音频播放时间间隔 10 s,每段音频播放与间隔中由被试对问卷中的听觉感知部分的相应问题进行作答,以此类推,对 9 段音频进行评价。

　　在嗅觉感知部分中,只有气味的刺激而没有声音刺激,目的是使被试感受每种气味以及其浓度强弱,通过问卷的形式使其对不同气味进行主观评价,以获得只有气味情况下的对照组数据。具体流程为:随机给出 12 种气味中的一种(4 种嗅源,3 种浓度级别,共 12 组),将盛有稀释嗅源材料的烧杯置于被试答题时桌面处的鼻子正下方,鼻子距离嗅源 30 cm,同时用 30 cm 的刻度尺固定在杯子侧面进行参考,让被试感知所闻到的给定气味 40 s,回答嗅觉感知部分的问卷问题,以此类推,对 12 种气味进行评价。

　　在嗅听交互感知部分,声音与气味的刺激同时出现,目的是使被试感受嗅觉与听觉的共同刺激,通过问卷的形式了解感官交互下的人群主观评价。具体流程为:随机给出 12 种气味情况中的一种,依次播放 9 段音频,每段播放 40 s,与下一段音频播放时间间隔 10 s,每段音频播放与间隔中由被试对问卷中嗅听交互感知部分的相应问题进行作答,以此类推,对 9 段音频进行评价。每种气味的自身及嗅听交互感知评价结束后,将室内通风 5 min,使被试到实验室外深呼吸并等候以排出鼻腔内的嗅源物质,通风结束后被试进入实验室进行下一组实验,每组实验前气味材料重新制备。为避免实验时间过长导致被试的嗅觉神经疲劳从而影响实验结果,每天每次实验对每位被试只随机给出 3 种气味情况。

2.3　实地人群行为观测

　　感官环境的变化会影响人们的心理,而心理感知的变化必然带来行为的改变。行为在感官环境评价中起着重要的作用,因为周围人群的活动和行为构成了环境的关键组成部分之一。由于对城市感官环境中人群行为研究的缺乏,这些公共开放空间的设计并不尽如人意[182],因此对城市感官环境中的人群行为进行研究十分必要。

　　根据研究对象的不同,行为可以分为个体行为与群体行为。个体行为一般是指一个人在特定情况下的态度或表现,他们的行为在环境的影响下很大程度上是随机的[183]。而群体行为则是指人群在环境中的表现,可以由一定的规律组成[184,185]。在城市公共开放空间的研究中,学者们往往对人群行为进行研究而不是个体行为[186,187]。人群行为按照其特征的不同,可以划分为运动(movement)和行动(action)[188],运动行为表现为运动或静止,前者包括穿行和环绕等,后者包括静坐等[189];行动则包括坐、立、观望、闲逛等[186]。运动行为可以更好地反映人群的整体趋势,而行动行为的受影响范围和程度则相对较小。研究显示感官环境会影响人的行为,就声环境的影响而言,音乐声是研究中一种常见的声音刺激。音乐声的存在会使人群对声源产生趋向性行为,降低行走速度,随着距声源的距离增加,坐着的人的人群密度会降低[190,191]。此外,音乐声还可以增加人群在某些地方的停留时间,如餐馆、隧道和城市广场,音乐的类型也会影响研究结果[190,192,193]。气味环境同样会对行动行为造成影响,在商场中有无气味的环境下人们的评价与行为均不同[194]。关于嗅听因素的交互作用对行为的影响研究多集中在销售领域,不同的声音与气味组合会改变人们的购买力与在商场的停留时间[131]。现今以完善城市公共开放空间为目的,针对嗅听交互对人群行为的影响所进行的相关研究则更加有限。

　　本实验选取城市公共开放空间中典型的声音与气味因素组合,对城市公共开放空间中嗅听因素对人群行为的影响进行实地研究,旨在发现在嗅听交互作用下的人群运动行为规律,具体希望解决以下3个问题:

　　①植物气味与声音的交互作用下的人群行为规律是什么?

　　②食物气味与声音的交互作用下的人群行为规律是什么?

　　③污染气味与声音的交互作用下的人群行为规律是什么?

2.3.1　调研地点及嗅源的选择

　　在实际情况中,城市公共开放空间中的声源十分丰富,而人的活动范围较广,人为声几乎广为存在,并且生产、生活中的许多行为均可能产生声音,如施工声、交通声、机械运转声等,从而造成城市声环境中的声源单一稳定或无声的情况几乎不存在。相比较而言,特定嗅源则更好控制。在实际情况中找到声源一致嗅源不同,或嗅源一致声源不同的具有可比性的自然条件十分困难,因此本研究选取实地中存在可控制嗅源有无的场地作为实验地点,并人为施加不同的声源,从而达到嗅听因素组合的变量控制。

考虑到嗅源的种类与可获得性,以及满足条件场地的实际情况,选择城市公共开放空间中的典型嗅源种类,植物、食物、污染气味作为本研究的嗅源变量,对应的气味分别为丁香花气味、面包房气味以及污水气味。在场地的选择上则考虑:实验地点需存在一种主导气味,同时周边没有其他嗅源产生干扰;背景声环境的声压级及声源类型较稳定,并且周边没有特殊突发性声源。

丁香花气味的调研地点位于哈尔滨市香坊区的民生路。气味来自人行道边种植的丁香花,其种植密度均匀且连续,种植间隔约为 1.5 m。研究中发现,在同一条街道上,由于建筑的布局和交叉路口的位置,以及边缘效应和风的作用,处于街道边缘区域的人无法感知到香味,而街道中央部分则芳香气味浓郁。因此,选择街道包含气味从无到有的变化范围作为研究区域(表 2-14)。

面包房气味的调研地点位于哈尔滨市道外区的南三道街。气味来自该步行街上的面包店,在前期调研中发现,当面包刚出炉的时候香气浓郁,气味分布面积广,并且每次连续分批次烤制面包,香气持续均匀释放。之后面包随着被售卖而数量减少,气味逐渐变淡,当面包数量所剩较少时,味道则无法被人闻到。经与店主商量,对方同意在固定时间烤制面包,并提前通知实验员,而且同意用扬声器播放实验所涉及的声音刺激。面包房气味的研究区域见表 2-14,区域长约 21 m,宽约 15 m,嗅源位于区域中靠近面包房一侧的长边中央。嗅源存在时气味会覆盖整个区域,嗅源不存在时在区域内无法闻到气味。

表 2-14　研究区域及范围

嗅源	研究区域	研究范围
丁香花		
面包房		
污水		

　　污水气味的调研地点位于哈尔滨市道里区的安阳河园。气味来自园内河中排放的污水,由于排水能力的不同,当河内水位较高时无污染气味,但是当河内水位较低时,则可闻到污染气味。污染气味的研究区域见表 2-14,其为园内的步行道,长约 30 m,宽约 3 m,嗅源存在时会覆盖整个区域,嗅源不存在时区域内无法闻到气味。

2.3.2　声源的选择

本研究通过扬声器播放声音作为声源变量,考虑对人的影响在积极与消极两个方面均涉及,最终选择城市公共开放空间中的典型声源风扇声与音乐声。

散热风扇控制着设备的环境温度,它是工程机械、空调、汽车发动机到日常电子设备等正常运转的必要条件,散热风扇产生的声音是生活中的典型声源[195]。在正式实验之前,进行风扇声选择的预实验。选择多种城市环境中的风扇声,随机选取 30 名被试对这些风扇声进行烦扰度评价(李克特七级量表,7 个级别分别为:不烦扰←1—2—3—4—5—6—7→烦扰),最终选择分数最高且超过 6 的风扇声作为本实验的声源。

城市公共开放空间应该给人群带来放松舒适的感受,因此音乐类型选择轻音乐,轻音乐指流行乐中的器乐作品,其结构简单、旋律优美,带有休闲性质。音乐的速度是其重要特征之一,研究将 40 ~ 70 bpm 定义为慢速,85 ~ 110 bpm 定义为中速,120 bpm 以上为快速[196]。80 bpm 以下的音乐与消极情绪相关,会导致心率降低,120 bpm 以上的音乐则与积极情绪相关,会提高心率与呼吸速率[197]。中速的音乐较为中性。研究最终选择的音乐声来自网络排行榜上热度较高的班得瑞的安妮的仙境(Annie's Wonderland),速度为 100.99 bpm。

本研究中声音变量分为 3 种情况:无播放声音情况、播放风扇声、播放音乐声。播放声源的扬声器所在位置在选择时考虑:区域内任何位置均能听见声音;扬声器正面与任何反射面之间的距离至少为 1.5 m[177];为避免扬声器对视觉造成任何影响,它被隐藏放置在研究区域内[190]。

对于丁香花气味的研究地点而言,由于研究区域的气味浓度是沿街道边缘至中央逐渐变化的,不像其他两种情况气味的有无可以分别控制,所以采用扬声器无法保证在不同气味变化区域内的声音是均匀的而不造成对彼此的干扰。因此,对丁香花气味情况,选择道路交通声作为声音变量,将其看作线声源,在交通声的声压级不同的情况下(相对高、低两种情况)分别进行人群行为观测。

2.3.3　感官环境测量

本研究涉及的仪器见表 2-15。

实验前首先对研究区域进行网格划分以便进行后期的测量及分析,根据不同的调研地点,丁香花气味研究区域的网格为 3 m×3 m,面包房气味研究区域的网格为 3 m×3 m,污水气味研究区域的网格为 4 m×4 m。

本研究中气味变量的变化为有无两种,气味作为空气质量的重要特征,其浓度的测量十分复杂[176]。对气味的浓度主要考虑人们对其的主观感知(对气味测量的论述详见 2.1.4)。实验前在测试区域内进行嗅源的主观浓度问卷调查预实验(李克特七级量表,7 个级别分别为:无味←1—2—3—4—5—6—7→浓郁),在每个划分好的网格内至少回收 30 份问卷,嗅源所在位置及平均浓度变化如图 2-2 所示。

为了确保扬声器播放的声音能被人们所听见,其声压级的设定需要高于无播放声音时的背景声压级,具体数值参照城市公共开放空间中实际的音乐声与风扇声的声压级,并对播放声音前后的声环境进行声压级测量。对于丁香花气味的研究区域,马路上的交通声为其声音变量,在交通声分别为相对低、高时进行声压级测量。

表 2-15　测量仪器及用途

仪器	示例	型号	用途
4 通道便携式采集前端及移动录制播放系统		SQobold II BHS II	记录现场声环境,所录制音频用以测量声压级
360 度相机		GoPro Fusion 360	拍摄全景照片,记录现场环境

续表

仪器	示例	型号	用途
温湿度计		FLUKE971	测量温度及湿度
风向风速仪		FB-8	测量风速及风向
无人机		DJI Inspire 2	拍摄人群行为

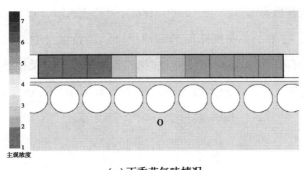

（a）丁香花气味情况

（b）面包房气味情况

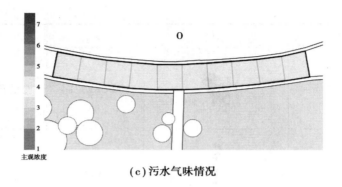

(c)污水气味情况

图 2-2　测试地点气味主观浓度分布图（O 表示嗅源所在位置）

对不同声音的情况,采用 4 通道便携式采集前端及移动录制播放系统,对每个区域内的测点分别进行录音,测点设置在划分好的网格中央,录制时间为 1 min。之后采用 HEAD ArtemiS 12.00 软件对每个测点的录音分别进行声压级分析,声源所在位置及其平均声压级变化如图 2-3 所示。人群作为实验中的动态因素,其密度在实验期间小于 0.05 人/m²,可以忽略人对声压级及视觉感知的影响[178,198]。对于丁香花气味的研究地点,低、高音量交通声的平均声压级分别为 55.6 dB 与 70.5 dB。对于无播放声源、播放音乐声以及播放风扇声时的平均声压级,面包房气味研究地点的 3 种情况分别为 51.2 dB、65.2 dB、54.9 dB,污水气味研究地点的 3 种情况分别为 55.6 dB、63.3 dB、57.4 dB。

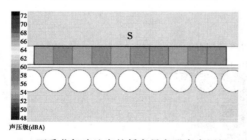

（a）丁香花气味地点的低音量交通声声压级

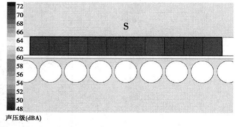

（b）丁香花气味地点的高音量交通声声压级

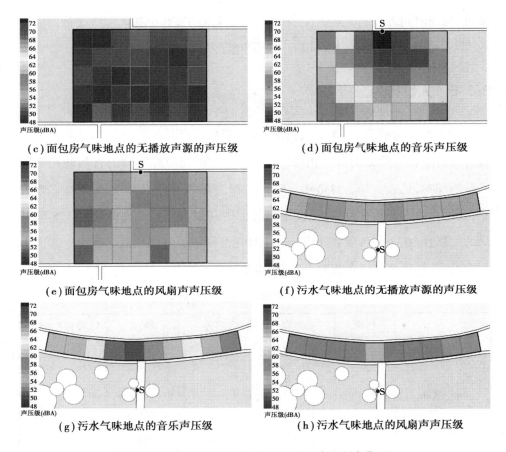

（c）面包房气味地点的无播放声源的声压级　　　　（d）面包房气味地点的音乐声压级

（e）面包房气味地点的风扇声声压级　　　　（f）污水气味地点的无播放声源的声压级

（g）污水气味地点的音乐声压级　　　　（h）污水气味地点的风扇声声压级

图 2-3　测试地点声压级分布图（S 表示声源所在位置）

2.3.4　人群行为观测

为了避免环境因素的影响,实验在 8 月的工作日进行。月平均气温 17～24 ℃,相对湿度、风速、风向稳定。考虑人群样本的充足性,每天测试时间为下午 3 点至 5 点。对于丁香花气味的地点,低、高声压级情况对应的实验时间分别为下午 1 点至 3 点与 3 点至 5 点。采用无人机在不同实验条件下对人群进行拍摄,为避免无人机的声音对实验结果造成影响,其飞行高度大于 100 m[199],受试者不知道自己被观测。无人机拍摄的每个视频持续 15～20 min,为保证行为随机,每段时间内分别测量 3 组[184]。在实验过程中,有声和无声情况被循环播放[200]。实验当天研究区域并没有其他产生干扰的突发性声音或气味。

2.3.5 人群行为分析

对人群行为的分析,考虑人群的路径、速度、停留时间,这 3 项是人群运动行为分析中较为常见的分析角度[186,190,192]。在研究中对不同的行为使用不同的分析样本,见表 2-16。对植物气味与声音交互的情况,马路上的人群多数为穿行,停留的人群几乎没有,因此不对停留时间进行分析。为验证本次实验结果的可靠性,在进行各项数据统计分析时在总样本中随机抽取半数样本再次进行检验,其结果与总样本相同,证明样本足够。

表 2-16 人群行为样本数量统计表

气味		声音	路径	速度	停留时间
植物气味	无	低声压级	103	103	—
		高声压级	108	108	—
	有	低声压级	103	103	—
		高声压级	108	108	—
食物气味	无	自然情况	38	38	23
		音乐声	38	38	24
		风扇声	39	39	20
	有	自然情况	40	40	24
		音乐声	42	42	26
		风扇声	38	38	21

续表

气味	声音	路径	速度	停留时间
污染气味 无	自然情况	58	58	20
	音乐声	60	60	21
	风扇声	56	56	18
有	自然情况	51	51	19
	音乐声	56	56	20
	风扇声	54	54	17

对人群路径进行分析,每条路径由一组点表示,每个点被认为是一个相对独立的过程,整个过程被视为许多点之间的数据的集合[201]。本研究将拍好的视频样本每 2 s 截图一张,在划分好的网格上对观测对象进行对应的位置标记,之后将点依次相连得到其运动路径。人群路径范围的计算则以网格线作为坐标系,如图 2-4 所示,其左下角的点为原点,网格的 8 条纵线对应的横坐标分别为 X_1 至 X_8,由式(2-1)求得每条纵线上的点的纵坐标的平均值 Y_1 至 Y_8,以 Y_1 为例,Y_1 则为所有路径与 $X=X_1$ 的交点的纵坐标平均值,即 $Y_1 = (Y_{11}+Y_{12}+Y_{13}+\cdots+Y_{1k})/k$。计算第 5 百分位数和第 95 百分位数,采用样条插值法将其均值、百分位数上下限对应的点依次相连拟合成平滑的曲线,则可得到每种情况下人群路径的活动范围。

对任意两点间的平均速度,其计算过程见式(2-2)。每条路径的总平均速度见式(2-3)。

对每个网格内的速度计算(示意图见图 2-4 右侧方框),其过程见式(2-4)。

$$Y_i = \frac{Y_{i1}+Y_{i2}+Y_{i3}+\cdots+Y_{ik}}{k} \tag{2-1}$$

式中　i——网格纵线编号,为 1 至 8;

k——路径条数。

$$V_{n-1} = \frac{\Delta L_n}{\Delta T_n}$$ (2-2)

式中 ΔL_n——点 C_{n-1} 与点 C_n 之间的距离, m;

$\quad\quad \Delta T_n$——点 C_{n-1} 到点 C_n 所用的时间, s。

$$V = \frac{V_1 + V_2 + V_3 + \cdots + V_{n-1}}{n-1}$$ (2-3)

式中 n——每条路径上点的个数。

$$V_g = \frac{d_1 + \Delta T_n (V_2 + V_3 + \cdots + V_{n-1}) + d_n}{\Delta T_n (n-2) + d_1/V_1 + d_n/V_n}$$ (2-4)

式中 d_n——网格内第 n 段路程, m;

$\quad\quad \Delta T_n$——网格内第 n 段路程所用时间, s;

$\quad\quad V_n$——网格内第 n 段路程内的速度, m/s。

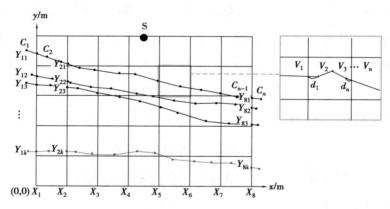

图 2-4 网格对应坐标点示意图

2.4 本章小结

本章对城市公共开放空间嗅听交互研究的实验方法进行了系统阐释。

第一部分为实地感官漫步。首先提出研究问题, 即城市公共开放空间嗅听交互下的感官源评价、感官环境评价、人们对声音与气味对彼此感知的影响程度的主观判断,以及人们对城市公共开放空间的声景与嗅景的感知期望。研究方法包括 5 个部分内容:确定调研地点与漫步路线;基于研究问题,阐述问卷设计的具体方法;对实验所选被试的要求与其基本情况进行介绍;客观测量部分提出了感官漫步中所涉及的仪器,需要进行测量的指标与具体的测量方法;对整体漫步流程进行系统阐述。

第二部分为实验室研究方法。这部分的研究问题分别为气味是否会对声音感知评价产生影响、声音是否会对气味感知评价产生影响、声音与气味是否会对整体感知评价产生影响。研究方法包括 6 个部分内容:确定实验中的感官因素和研究范围;确定本研究所有的嗅听因素组合情况,对实验进行整体设计;对实验仪器与声音及气味材料的获取与制备方法进行阐述;基于实验室研究的问题对问卷进行设计;对实验所选被试的要求与其基本情况进行介绍;对实验室研究的实施流程及具体细节进行系统说明。

第三部分为实地人群行为观测方法。这部分的研究问题为植物气味、食物气味、污染气味与声音的交互作用下的人群行为规律。研究方法包括 5 个部分内容:根据嗅源确定调研地点;对实验中的声源进行选择;对人群行为观测、感官环境测量所涉及的仪器进行介绍,对需要进行测量的指标与具体的测量方法进行阐述;对人群行为观测过程及具体细节进行描述;对人群行为观测的样本进行统计,对后期人群行为分析所需数据的计算过程进行说明。

第3章　城市公共开放空间
嗅听交互现状调查

本章对城市公共开放空间的嗅听交互现状进行实地调查,旨在验证嗅听交互作用的存在,具体通过实地感官漫步的方法,在典型的城市公共开放空间中进行客观测量,并以主观问卷的方式获取研究数据,从嗅听交互作用下的感官源感知、嗅听交互作用下的感官环境描述、嗅听交互作用下的感官因素预判、嗅听交互作用下的感官期望4个方面进行系统分析。

3.1　嗅听交互作用下的感官源感知

3.1.1　感官源感知概率及感知度

1)声源感知概率及感知度

在感官漫步中,被试对可感知到的声源和嗅源进行主观评价。研究中被试能感知到的声源类型见表3-1。在步行街中,人为声和人工声的感知比例较高,人工声总平均感知度最高;在街道中,人工声的感知比例和总平均感知度均最高;在公园中,人工声感知比例和总平均感知度均最高,自然声其次。

表 3-1　声源感知分类汇总

声源种类	步行街			街道			公园		
	总感知频率	百分比/%	总平均感知度	总感知频率	百分比/%	总平均感知度	总感知频率	百分比/%	总平均感知度
自然	7	1.2	3.29	2	1.9	3.80	55	33.1	4.17
人为	256	45.9	3.72	33	30.8	3.98	44	26.5	3.69
人工	295	52.9	4.37	72	67.3	4.97	67	40.4	4.92

　　声景中的主要声源可分为基调声、前景声和声标。基调声存在性高，可感知度低，因此被选次数多，但评分低。前景声的存在性和可感知度均高，因此被选频数和评分同样高。声标是在某种特定空间内的存在性和可感知度均高，被选次数少，评分高。此外，还有一类声源对声景影响微弱，其存在性及可感知度均低，被视为无关声，为减少统计误差，可将感知概率小于 4% 的无关声初步剔除[50]。感官漫步中被试感知到的声源见表 3-2，共 13 种声源被提及。感知概率的计算为某空间内对某种声源的总选择人数除以总人次。在步行街中，交谈声感知概率最高，音乐声感知度最高；在街道中，交通声感知概率和平均感知度均最高；在公园中，鸟鸣声的感知概率最高，交通声的感知度最高。

表 3-2　具体感知声源参数统计表

声源种类	声源	步行街			街道			公园		
		感知频率	感知概率/%	平均感知度	感知频率	感知概率/%	平均感知度	感知频率	感知概率/%	平均感知度
自然	**鸟鸣**	0	0	—	0	0	—	51	45.9	4.14
	树叶	0	0	—	0	0	—	4	3.6	4.50
	风	7	3.2	3.29	2	2.7	3.80	0	0	—

续表

声源种类	声源	步行街			街道			公园		
		感知频率	感知概率/%	平均感知度	感知频率	感知概率/%	平均感知度	感知频率	感知概率/%	平均感知度
人为	**交谈**	216	97.3	3.83	31	41.9	4	39	35.1	3.70
	脚步	27	12.3	3.11	2	2.7	3.75	4	3.6	4.00
	叫卖	8	3.6	4.14	0	0	—	0	0	—
	儿童嬉戏	3	1.4	1.5	0	0	—	1	0.9	2
	瓶子敲击	1	0.5	2	0	0	—	0	0	—
	塑料袋摩擦	1	0.5	1	0	0	—	0	0	—
人工	**交通**	63	28.4	4.35	72	97.3	4.97	34	30.6	4.88
	音乐	161	72.5	4.67	0	0	—	33	29.7	4.97
	广播	65	29.3	3.69	0	0	—	0	0	—
	机械振动	6	2.7	3.83	0	0	—	0	0	—

注:粗体为保留声源,未加粗的为初步剔除的无关声。

　　同样地,将每个测点的无关声源剔除后,再次计算声源的平均感知度与感知概率。步行街声源的平均感知情况如图 3-1 所示,将测点 1 和 2,测点 3 和 4,测点 5 和 6 进行对比,独立样本 t 检验的结果表明其平均感知度均无显著差异($p>0.05$)。声源的平均感知度如图 3-1(a)所示,测点 1 和 2 的音乐声感知度最高,测点 3 和 4 的交通声和音乐声感知度最高,测点 5 和 6 的音乐声感知度最高。具有可比性测点的每种声源的平均感知度差值均不大,最大差值为 0.39,为测点 3 和 4 的音乐声平均感知度差值。声源的感知概率如图 3-1(b)所示,测点 1 和 2 的音乐声和交谈声的感知概率最高,测点 3 和 4、测点 5 和 6 的交谈声感知概率最高。具有可比性测点的每种声源的感知概率差值均较小,但是测点 3 和 4 的交通声感知概率差值最大,为 18.9%。说明当面包房的气味存在时,音乐声的感知度高于无气味时,交通声的感知概率也更低。

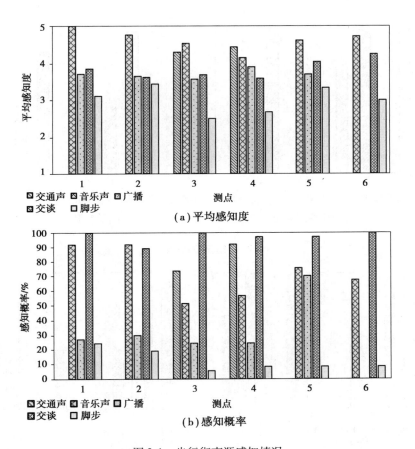

（a）平均感知度

（b）感知概率

图 3-1　步行街声源感知情况

街道声源感知情况如图 3-2 所示，独立样本 t 检验的结果表明测点 7 和 8 的平均感知度无显著差异（$p>0.05$），图 3-2（a）和图 3-2（b）显示交通声和交谈声的平均感知度和感知概率几乎不变，交通声的感知度和感知概率更高。

公园声源感知情况如图 3-3 所示，将测点 9、10 和 11 分别进行两两对比，独立样本 t 检验的结果表明其平均感知度彼此间均无显著差异（$p>0.05$）。图 3-3（a）和图 3-3（b）显示测点 9 的交通声平均感知度和感知概率最高，测点 10 的鸟鸣声的平均感知度和感知概率最高，测点 11 的音乐声的平均感知度和感知概率最高。

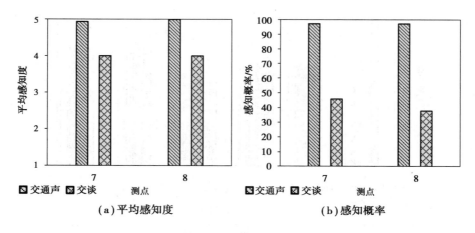

（a）平均感知度　　　　　　　　　　　（b）感知概率

图 3-2　街道声源感知情况

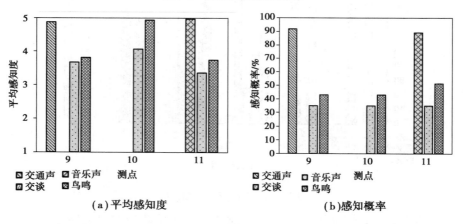

（a）平均感知度　　　　　　　　　　　（b）感知概率

图 3-3　公园声源感知情况

2）嗅源感知概率及感知度

按城市中常见的嗅源类别划分，被试能感知到的嗅源种类见表 3-3。在步行街中，可感知到的嗅源中食物气味的比例和感知度均最高；在街道中，污染气味的比例和感知度均最高；在公园中，植物气味的比例和感知度均最高。

表 3-3　嗅源感知分类汇总

嗅源种类	步行街			街道			公园		
	总感知频率	百分比/%	总平均感知度	总感知频率	百分比/%	总平均感知度	总感知频率	百分比/%	总平均感知度
植物	0	0	—	0	0	—	104	98.1	4.98
食物	139	96.5	4.98	0	0	—	0	0	—
污染	3	2.1	4.67	35	100	4.97	1	0.9	5
建造材料	1	0.7	2	0	0	—	0	0	—
人类	1	0.7	1	0	0	—	1	0.9	5

　　实验中被试能感知到的嗅源种类及感知程度见表 3-4,共有 9 种嗅源被提及。嗅景中的嗅源可以分成宏观、中观和微观 3 个类别。宏观气味存在性高,可感知度低,因此被选次数多,但评分低。中观气味存在性和可感知度均高,因此被选次数和评分高。微观气味是在某种特定空间内存在性高,可感知度高,因此被选次数少,但评分高。此外,存在性及可感知度均低的气味被视为无关嗅源。按空间类型分类,将总可感知百分比小于 4% 的无关嗅源初步剔除。在步行街中,饭店油烟气味的感知比例和感知度均最高;在街道中,下水道气味的感知比例和感知度均最高;在公园中,草木气味的感知比例和感知度均最高。

表 3-4　具体感知嗅源参数统计表

嗅源种类	嗅源	步行街			街道			公园		
		感知频率	感知概率/%	平均感知度	感知频率	感知概率/%	平均感知度	感知频率	感知概率/%	平均感知度
植物	**草木**	0	0	—	0	0	—	104	93.7	4.98

续表

嗅源种类	嗅源	步行街			街道			公园		
		感知频率	感知概率/%	平均感知度	感知频率	感知概率/%	平均感知度	感知频率	感知概率/%	平均感知度
食物	**烤红肠**	32	18.0	5	0	0	—	0	0	—
	面包房	37	16.2	4.95	0	0	—	0	0	—
	饭店油烟	70	30.7	4.99	0	0	—	0	0	—
污染	汽车尾气	1	0.5	4	3	3.9	5	0	0	—
	下水道	0	0	—	32	42.1	4.97	0	0	—
	香烟	2	0.9	5	0	0	—	1	0.9	5
建造材料	木屑	1	0.5	2	0	0	—	0	0	—
人类	汗液	1	0.5	1	0	0	—	1	0.9	5

注:粗体为保留嗅源,未加粗的为初步剔除的无关气味。

　　将每个测点的无关嗅源剔除后,再次计算嗅源的平均感知度与感知概率。嗅源感知情况如图 3-4 所示,测点 1、3、8 均有独有嗅源,将测点 5 和 6,测点 9、10、11 作对比,独立样本 t 检验的结果显示其平均感知度均不存在显著差异($p>0.05$),图 3-4(a)和图 3-4(b)显示嗅源的平均感知度和感知概率均很高。

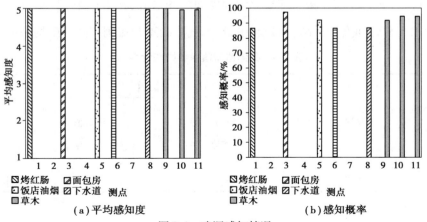

(a)平均感知度　　　　　　(b)感知概率

图 3-4　嗅源感知情况

3.1.2　感官源属性分析

1）声源属性

计算出不同空间类型声源的总平均感知频数与总平均感知度后,将不同空间中单一声源的感知频数和平均感知度与之对比,可判断出声源属性。感官漫步中的声源属性判断见表 3-5,在步行街中,测点 1 至 4 的声源属性不改变,说明食物气味不影响声源属性的感知;测点 5 和 6 中交谈声属性存在变化,说明声源组成不同其感知属性也不同。在街道中,测点 7 和 8 的声源属性不改变,说明污染气味同样不影响声源属性判断。在公园中,测点 9、10、11 的声源属性不同,其前景声各不同,交通声与音乐声分别是测点 9 和 10 特有的声源。

表 3-5　声源属性判断

空间类型	测点	声源	感知频数	平均感知频数判断	感知度	总平均感知度判断	声源属性判断
步行街（总平均感知频数 = 17.7,总平均感知度 =4.10）	1	交谈	37	高	3.84	低	基调声
		脚步	9	低	3.11	低	无关声
		音乐	34	高	5.00	高	前景声
		广播	10	低	3.70	低	无关声
	2	交谈	33	高	3.61	低	基调声
		脚步	7	低	3.43	低	无关声
		音乐	34	高	4.76	高	前景声
		广播	11	低	3.64	低	无关声
	3	交谈	36	高	3.68	低	基调声
		脚步	3	低	2.50	低	无关声
		交通	35	高	4.29	高	前景声
		音乐	21	高	4.53	高	前景声
		广播	9	低	3.56	低	无关声

续表

空间类型	测点	声源	感知频数	平均感知频数判断	感知度	总平均感知度判断	声源属性判断
步行街(总平均感知频数=17.7,总平均感知度=4.10)	4	交谈	37	高	3.58	低	基调声
		脚步	2	低	2.67	低	无关声
		交通	28	高	4.43	高	前景声
		音乐	19	高	4.14	高	前景声
		广播	9	低	3.89	低	无关声
	5	交谈	36	高	4.03	低	基调声
		脚步	3	低	3.33	低	无关声
		音乐	28	高	4.61	高	前景声
		广播	26	高	3.69	低	基调声
	6	交谈	37	高	4.24	高	前景声
		脚步	3	低	3.00	低	无关声
		音乐	25	高	4.72	高	前景声
街道(总平均感知频数=25.8,总平均感知度=4.68)	7	交谈	17	低	4.00	低	无关声
		交通	36	高	4.94	高	前景声
	8	交谈	14	低	4.00	低	无关声
		交通	36	高	5.00	高	前景声
公园(总平均感知频数=13.1,总平均感知度=4.36)	9	鸟鸣	16	高	3.81	低	基调声
		交谈	13	低	3.67	低	无关声
		交通	34	高	4.88	高	前景声
	10	鸟鸣	16	高	4.94	高	前景声
		交谈	13	低	4.07	低	无关声
	11	鸟鸣	19	高	3.74	低	基调声
		交谈	13	低	3.36	低	无关声
		音乐	33	高	4.97	高	前景声

2）嗅源属性

嗅源各属性判断见表 3-6，与声源不同，能感知到有关嗅源的测点的气味组成较为单一，且感知频数均接近总人数，感知度均为 4.5 以上，判断其属于中观气味，类比于声景中的前景声。

表 3-6　嗅源属性判断

测点	嗅源	频数	感知频数判断	感知度	感知度判断	嗅源属性判断
1	烤红肠	32	高	5.00	高	中观气味
3	面包房	36	高	5.00	高	中观气味
5	饭店油烟	34	高	5.00	高	中观气味
6	饭店油烟	32	高	5.00	高	中观气味
8	下水道	32	高	4.97	高	中观气味
9	草木	34	高	5.00	高	中观气味
10	草木	35	高	4.97	高	中观气味
11	草木	35	高	4.97	高	中观气味

3.1.3　感官源主观评价

1）声源主观评价

将上一节中的无关声源剔除后，对剩下的有关声源进行主观评价分析，具体包括声舒适度、主观响度、该声音与环境的协调度。所有具有可比性的测点的声源评价在统计学上无显著差异（$p>0.05$），但显示出了一定的变化趋势。

步行街的主要声源主观评价如图 3-5 所示，交谈声、交通声、音乐声、广播声为步行街的主要声源。对于交谈声而言，它是 6 个测点的主要声源，测点 1 的声舒适度和声协调度高于测点 2，主观响度低于测点 2；测点 3 的声舒适度和声协调度高于测点 4，主观响度低于测点 4；测点 5 的主观响度高于测点 6，声舒适度和声协调度低于测点 6。对于交通声而言，它是测点 3 和 4 的主要声源，测点

3 的交通声评价优于测点 4。说明在食物气味存在时，人们对交谈声和交通声的评价会提高。对于音乐声而言，它是 6 个测点的主要声源，测点 1 的声舒适度和声协调度高于测点 2，主观响度几乎相同；测点 3 的声舒适度和声协调度高于测点 4，主观响度同样几乎相同；测点 5 和测点 6 的声舒适度相同，测点 6 的主观响度和声协调度高于测点 5。可能的原因是音乐声是步行街的前景声，较易被识别从而感知度较高，在主要声源相同的情况下，音乐声的主观响度几乎不变，但是当声源不同时，如测点 5 比测点 6 多了广播声，广播声可能对音乐声产生了掩蔽作用，从而造成其主观响度低于无广播声。对于广播声而言，它是测点 5 的主要声源，广播声的主观响度较高，而声舒适度和声协调度均较低。

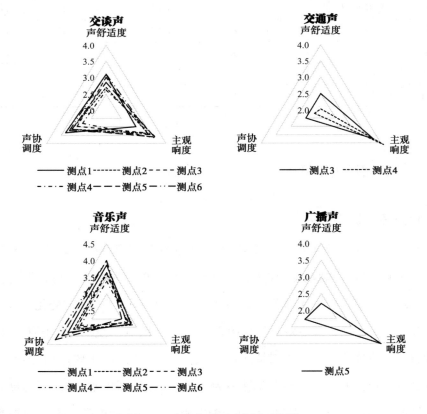

图 3-5　步行街主要声源主观评价

街道的主要声源主观评价如图 3-6 所示,交通声为街道的主要声源,测点 7 的评价好于测点 8,说明当污染气味存在时,交通声的评价低于无气味情况时。

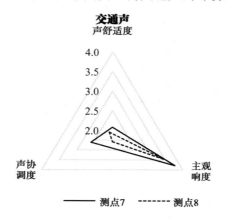

图 3-6　街道主要声源主观评价

公园的主要声源主观评价如图 3-7 所示,鸟鸣声、交通声、音乐声为公园的主要声源。对于鸟鸣声而言,测点 10 的评价好于测点 11,测点 11 的评价好于测点 9,这可能是因为测点 9 和 11 分别存在着交通声和音乐声,这两种声音影响了鸟鸣声的评价。对于交通声而言,其主观响度相对较高,而声舒适度和声协调度较低,有的被试表示"在安静的公园里,交通声格外刺耳",即便交通声的声压级并不高,但这种不协调感造成了其评价结果过低。对于音乐声而言,声舒适度和声协调度在 3.4 左右,主观响度接近 3。

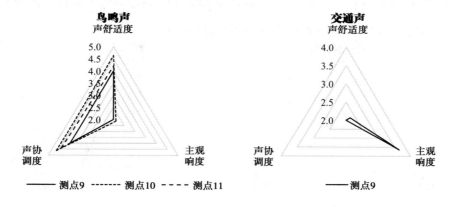

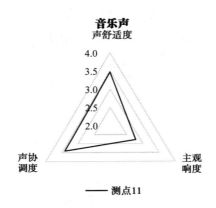

图 3-7 公园主要声源主观评价

2）嗅源主观评价

同样将无关嗅源剔除后,将剩下的有关嗅源进行主观评价分析,评价指标主要包括气味舒适度、主观浓度、该气味与环境的协调度。所有具有可比性的测点的嗅源评价从统计学上不存在显著差异($p>0.05$)。步行街的主要嗅源主观评价如图 3-8 所示,烤红肠气味、面包房气味、饭店油烟气味为步行街的主要嗅源。烤红肠气味是测点 1 的主要嗅源,其主观浓度较高,气味舒适度和气味协调度较为适中。面包房气味是测点 3 的主要嗅源,其主观浓度较为适中,气味舒适度和气味协调度均较高。饭店油烟气味为测点 5 和 6 的主要嗅源,测点 5 的主观浓度稍微低于测点 6,气味舒适度和气味协调度则低于测点 6 约 0.2,说明广播声的存在可能会对饭店气味有微弱的影响。

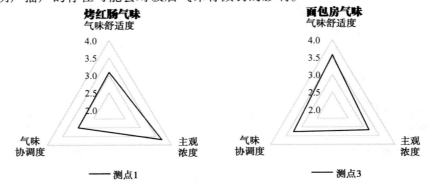

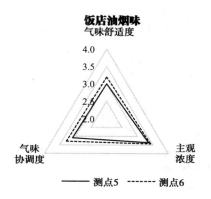

图 3-8　步行街主要嗅源主观评价

　　街道的主要嗅源主观评价如图 3-9 所示,下水道气味为街道中测点 8 的主要嗅源,该气味主观浓度较高,而气味舒适度和气味协调度均较低。

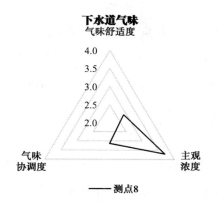

图 3-9　街道主要嗅源主观评价

　　公园的主要嗅源主观评价如图 3-10 所示,草木气味为公园的主要嗅源,测点 10 的气味舒适度、主观浓度、气味协调度均为最高,测点 9 和 11 的主观浓度相同,测点 11 的气味协调度高于测点 9,说明交通声和音乐声的存在可能会对气味的主观浓度有降低作用,并且交通声对气味评价的降低作用大于音乐声。

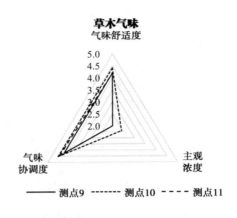

图 3-10　公园主要嗅源主观评价

3.1.4　嗅听交互作用下声音与气味感知评价的异同

前文分别阐述了嗅听交互作用下的声源与嗅源感知评价,均存在着声音与气味的感知概率变化较小,且声音与气味不影响彼此感知度的趋势,声源与嗅源的属性判断也不受彼此影响。对于单一感官源的评价而言,气味的存在可能会降低声音的主观响度,声音的增多则可能会降低气味的主观浓度。同时评价较高的感官源会提高其他感官源的评价,评价较低的感官源的效果则与之相反。前人的研究已经证实良好的视觉因素可以提升听觉感知评价[111,112],声音对视觉感知评价也有着同样的影响[116],并且视觉与嗅觉之间存在着类似的规律[123-127]。本研究的结果证明了声音与气味之间同样存在着改变彼此感知的潜力,这为改善城市感官环境感知提供了新的角度,通过不同的感官因素组合来提升感官环境评价成为可能。但结果说明即使声音与气味会对彼此的评价产生影响,但仍不足以影响声源与嗅源的属性。

对于声源与嗅源感知评价的差异性而言,气味对声源评价的影响程度大于声音对气味评价的影响程度,气味对声舒适度的最大影响值为 0.39,对声协调度的最大影响值为 0.52,对主观响度的最大影响值为 0.32。但是声音对气味评价指标的影响值多为 0.2 左右。这可能是实验中气味变量为有无两种情况,而城市中无声的情况非常少,声音变量均是在有背景声基础上的某种单一声源的变化,导致了与声音变量的变化相比,气味变量的变化更为强烈,从而使得气味对声源评价的影响更明显。

3.2　嗅听交互作用下的感官环境描述

在感官漫步中,分别让被试对漫步路线中指定地点的声环境与气味环境进行主观评价。为了方便表述,下文以"声舒适度、刺耳度、声愉快度、主观响度、声喜好度、声熟悉度、强度、兴奋度、事件感、混乱度、声协调度、气味舒适度、主观浓度、气味喜好度、新鲜度、气味熟悉度、刺鼻度、单一度、自然度、烦躁度、洁净度、气味协调度"指代 22 组语义词汇。

漫步路线所包含的城市公共开放空间依次为步行街、街道、公园,3 种空间的感官环境主观评价结果如图 3-11 所示。单因素方差分析结果表明,对于 3 种空间而言,除了声熟悉度($p=0.794>0.05$)与气味熟悉度($p=0.059>0.05$)无显著差异外,其他评价指标结果均有显著差异($p=0.000<0.01$)。采用多重比较继续分析结果,声环境评价的结果显示,步行街与街道的主观响度($p=0.172>0.05$)、强度($p=0.251>0.05$)、兴奋度($p=0.115>0.05$)无显著差异,步行街与公园的混乱度($p=0.764>0.05$)不存在显著差异;气味环境的评价结果显示,步行街与街道的主观浓度($p=0.190>0.05$)、自然度($p=0.080>0.05$)无显著差异。

对于声环境评价而言,步行街的强度、兴奋度、事件感最高,其他评价结果均为居中;街道的刺耳度、主观响度最高,声舒适度、声愉快度、声喜好度、事件感、混乱度、声协调度最低,其他评价结果均为居中;公园的声舒适度、声愉快度、声喜好度、混乱度、声协调度均为最高,刺耳度、主观响度、强度、兴奋度最低,其他评价结果均为居中。对于气味环境评价而言,步行街的主观浓度最高,单一度与自然度最低,其他评价结果均为居中;街道的刺鼻度、烦躁度最高,气味舒适度、气味喜好度、新鲜度、洁净度与气味协调度最低,其他评价结果均为居中;公园的气味舒适度、气味喜好度、新鲜度、单一度、自然度、洁净度与气味协调度最高,主观浓度、刺鼻度、烦躁度最低。

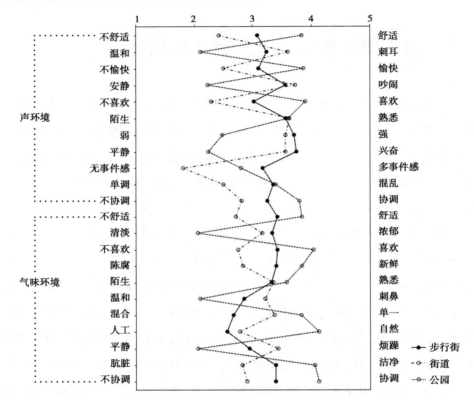

图 3-11　城市公共开放空间的感官环境主观评价

3.2.1　气味作用下的声环境描述

在 11 个测点的声环境评价中,单因素方差分析结果显示,除了声熟悉度($p=1.000>0.05$),其余指标均存在显著差异。声环境的主观评价见表 3-7,将具有显著嗅听因素差异、其他环境因素无显著差异的测点进行对比(即测点 1 和 2,测点 3 和 4,测点 5 和 6,测点 7 和 8,测点 9、10 和 11),LSD 检验结果显示其均存在显著差异($p<0.05$),声舒适度、声喜好度、声协调度的变化趋势相类

似,其均值均存在着测点 1 高于测点 2,测点 3 高于测点 4,测点 5 低于测点 6,
测点 7 高于测点 8,测点 10 高于测点 9,测点 9 高于测点 11 的结果。声愉快度
的变化趋势基本与之相同。其中对于均在步行街上的测点 1 至 6 而言,测点 3
和 4 的声环境主观评价均为最低,可能原因是测点 3 和 4 所在的步行街紧邻同
一条马路,车辆发出的交通噪声使被试的声环境主观评价降低。声环境的刺耳
度、主观响度、强度和兴奋度的评价结果相类似,其均值均存在测点 1 低于测点
2,测点 3 低于测点 4,测点 5 高于测点 6,测点 7 低于测点 8,测点 10 低于测点
9,测点 9 低于测点 11 的趋势。对于声熟悉度而言,11 个测点的评价值均超过
3.5,最高值为 3.65。对于事件感而言,测点 1 高于测点 2,测点 3 高于测点 4,
测点 5 高于测点 6,测点 7 与测点 8 接近,测点 9 高于测点 10,测点 9 低于测点
11。对于混乱度而言,测点 1 高于测点 2,测点 3 高于测点 4,测点 5 低于测点
6,测点 7 低于测点 8,测点 9 低于测点 11,测点 11 低于测点 10。

　　具有显著嗅听因素差异的每组测点的声环境评价差值累积条形图如图
3-12 所示,对于步行街而言,测点 1 及测点 2、测点 3 及测点 4 的评价差值分布
较为类似,前者的评价差值变化幅度更大,其中测点 1 比测点 2 的声舒适度、声
愉快度、声喜好度、事件感均高出约 0.5,测点 3 比测点 4 高出约 0.35;测点 1 比
测点 2 的刺耳度、主观响度、强度低约 0.35,测点 3 比测点 4 低约 0.2;测点 1 比
测点 2 的兴奋度低约 0.6,测点 3 比测点 4 低约 0.3。其中测点 5 比测点 6 的事
件感与兴奋度高约 0.3,混乱度降低约 0.5。由此可知,食物气味可能会提高步
行街的声环境评价,烤红肠气味的提高程度高于面包房气味,广播声则会降低
声环境的评价。对于街道而言,测点 7 比测点 8 的声舒适度高约 0.4,兴奋度和
主观响度低约 0.4。下水道的气味可能会降低街道的声环境评价。对于公园而
言,测点 9 比测点 10 的兴奋度与强度高约 0.3,混乱度和声协调度低约 0.3;测
点 10 比测点 11 的声协调度高约 0.8,声舒适度高约 0.3,强度低约 0.7,主观响
度和兴奋度低约 0.5;测点 9 比测点 11 的声喜好度与声协调度高约 0.4,强度和
主观响度低约 0.5。结果显示,公园中的音乐声与交通声会降低声环境的评价,

并且音乐声的降低效果最大,可能的原因是该音乐声为儿歌,与整体环境的协调性较差,有些被试表示"这里的儿歌与公园环境格格不入"。

表 3-7　声环境主观评价均值

	1	2	3	4	5	6	7	8	9	10	11
声舒适度	3.59 (1.01)	3.08 (0.98)	2.86 (0.77)	2.46 (0.95)	3.14 (1.06)	3.30 (1.02)	2.59 (0.64)	2.22 (0.82)	3.86 (0.98)	3.97 (0.80)	3.65 (0.86)
刺耳度	2.89 (1.35)	3.30 (0.85)	3.30 (0.77)	3.54 (0.91)	3.30 (0.88)	3.08 (1.01)	3.46 (0.80)	3.73 (0.77)	2.03 (1.07)	1.92 (0.86)	2.35 (1.06)
声愉快度	3.49 (0.96)	3.03 (0.87)	2.81 (0.65)	2.51 (1.02)	3.24 (1.07)	3.43 (0.96)	2.54 (0.69)	2.43 (0.96)	3.81 (0.94)	3.97 (0.83)	3.81 (0.91)
主观响度	3.24 (0.96)	3.51 (0.73)	3.68 (0.83)	3.97 (0.85)	3.51 (0.99)	3.38 (0.79)	3.49 (0.84)	3.95 (0.66)	2.08 (1.09)	2.00 (0.85)	2.57 (1.04)
声喜好度	3.54 (1.02)	3.05 (0.88)	2.76 (0.95)	2.35 (0.96)	3.11 (1.20)	3.27 (1.10)	2.35 (0.89)	2.22 (0.85)	3.97 (0.96)	4.11 (0.81)	3.59 (0.87)
声熟悉度	3.59 (0.93)	3.54 (1.04)	3.57 (1.26)	3.54 (0.96)	3.51 (0.90)	3.51 (0.93)	3.65 (0.89)	3.59 (0.93)	3.57 (1.02)	3.62 (1.09)	3.62 (0.98)
强度	3.62 (0.83)	3.95 (0.82)	3.54 (0.87)	3.73 (1.07)	3.76 (0.83)	3.59 (0.76)	3.49 (0.90)	3.62 (0.79)	2.41 (1.09)	2.14 (1.06)	2.86 (1.06)
兴奋度	3.30 (0.85)	3.89 (0.77)	3.78 (0.60)	4.03 (0.82)	3.86 (0.75)	3.59 (0.90)	3.35 (0.92)	3.76 (0.76)	2.27 (1.26)	1.95 (0.85)	2.49 (0.96)
事件感	3.68 (1.03)	3.14 (1.08)	3.05 (0.96)	2.73 (1.05)	3.35 (0.89)	3.00 (1.03)	1.81 (0.97)	1.78 (1.03)	2.81 (1.15)	2.70 (1.24)	2.86 (1.08)
混乱度	3.73 (0.84)	3.41 (0.96)	3.14 (1.18)	2.95 (1.08)	3.16 (1.04)	3.68 (1.13)	2.43 (0.93)	2.54 (1.15)	3.19 (0.81)	3.49 (1.04)	3.46 (0.96)
声协调度	3.78 (0.71)	3.46 (0.65)	2.73 (1.16)	2.62 (1.12)	3.30 (1.00)	3.57 (0.99)	2.92 (0.95)	2.68 (1.06)	3.84 (0.99)	4.16 (0.90)	3.38 (1.04)

注:括号内为标准差。

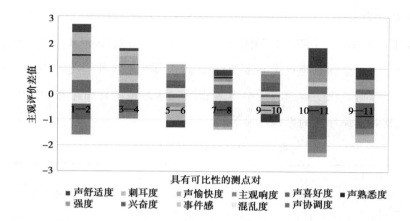

图 3-12　具有显著嗅听因素差异的每组测点的声环境评价差值累积条形图

注：图中的评价差值为横坐标中"—"之前标号测点的评价值减去其后标号

测点的评价值，如"1—2"代表测点 1 的评价值减测点 2 的评价值。

3.2.2　声音作用下的气味环境描述

在 11 个测点的气味环境评价中，单因素方差分析结果显示，除了气味熟悉度（$p=0.646>0.05$），其余指标均存在显著差异。11 个测点的气味环境主观评价见表 3-8，将具有显著嗅听因素差异、其他环境因素无显著差异的测点进行对比，并对其进行 LSD 事后检验，结果显示，对于气味舒适度、气味喜好度、新鲜度、单一度、自然度、气味协调度的评价结果而言，测点 5 和测点 6 无显著差异，测点 9、10、11 之间无显著差异（$p>0.05$）；对于主观浓度以及刺鼻度而言，测点 9、10、11 之间无显著差异（$p>0.05$）；对于烦躁度以及洁净度而言，只有测点 7 和测点 8 具有显著差异（$p<0.05$）。具体对于气味舒适度、气味喜好度、新鲜度、气味协调度而言，其均值均存在着测点 1 高于测点 2，测点 3 高于测点 4，测点 7 高于测点 8 的趋势。对于单一度、自然度而言，其均值均存在着测点 1 低于测点 2，测点 3 低于测点 4，测点 7 高于测点 8 的趋势。对于主观浓度、刺鼻度而言，其均值均存在着测点 1 高于测点 2，测点 3 高于测点 4，测点 5 低于测点 6，测点 7 低于测点 8 的趋势。对于气味熟悉度而言，11 个测点的评价值均超过

3.2,最高值为3.65。对于烦躁度而言,测点7低于测点8。对于洁净度而言,测点7高于测点8。对于测点5和测点6,以及测点9、10、11而言,气味变量是基本相同的,并非像其他测点中主要气味变量分为有无两种情况。由此可知,当声环境一定时,气味变量的有无会显著影响气味环境的评价结果;当声音变量不同时,其对气味环境的影响不显著。

表 3-8 气味环境主观评价均值

	1	2	3	4	5	6	7	8	9	10	11
气味舒适度	3.76	3.38	3.35	3.22	3.27	3.49	2.81	2.59	3.73	3.97	3.78
	(0.83)	(0.92)	(0.86)	(1.00)	(0.93)	(0.90)	(0.70)	(0.87)	(0.99)	(0.96)	(0.67)
主观浓度	3.43	2.70	3.41	2.92	3.62	3.84	2.73	3.57	2.03	1.97	2.16
	(0.87)	(1.15)	(0.96)	(0.86)	(0.68)	(0.76)	(1.19)	(0.84)	(0.87)	(0.76)	(1.01)
气味喜好度	3.62	3.22	3.49	3.00	3.57	3.57	3.03	2.46	3.95	4.22	3.92
	(0.83)	(0.98)	(0.84)	(0.94)	(0.93)	(0.84)	(0.69)	(0.73)	(0.94)	(0.75)	(0.72)
新鲜度	3.54	3.35	3.57	3.16	3.30	3.41	3.14	2.51	3.86	3.86	3.76
	(0.96)	(0.89)	(0.65)	(0.99)	(1.00)	(0.80)	(0.82)	(0.68)	(0.92)	(1.03)	(0.98)
气味熟悉度	3.24	3.24	3.30	3.22	3.43	3.41	3.30	3.38	3.54	3.65	3.51
	(0.98)	(1.09)	(0.81)	(1.11)	(0.99)	(0.93)	(0.97)	(0.95)	(0.87)	(0.92)	(0.96)
刺鼻度	3.00	2.73	3.05	2.84	2.54	2.89	2.78	3.62	2.16	2.05	2.05
	(0.58)	(0.99)	(1.03)	(0.99)	(1.02)	(0.97)	(0.95)	(0.72)	(0.96)	(1.05)	(0.74)
单一度	2.38	3.08	2.68	3.03	2.43	2.38	3.49	3.24	3.68	3.92	3.86
	(1.01)	(0.86)	(1.18)	(0.73)	(0.84)	(1.01)	(0.84)	(1.07)	(0.88)	(0.98)	(1.03)
自然度	2.54	3.08	2.27	3.05	2.19	2.14	3.08	2.46	4.00	4.30	4.05
	(1.07)	(0.68)	(0.84)	(0.74)	(0.66)	(1.06)	(0.83)	(0.90)	(1.08)	(0.91)	(1.08)
烦躁度	2.78	2.97	2.70	3.00	3.11	3.03	3.05	3.78	2.03	1.92	2.19
	(0.89)	(0.93)	(0.78)	(0.85)	(0.70)	(0.80)	(1.08)	(0.71)	(0.96)	(0.83)	(1.08)
洁净度	3.62	3.43	3.24	3.24	3.51	3.24	3.05	2.57	4.00	4.30	3.86
	(0.83)	(0.80)	(0.93)	(0.90)	(0.93)	(0.64)	(0.97)	(0.80)	(0.94)	(0.78)	(0.92)
气味协调度	3.69	3.33	3.35	3.11	3.30	3.49	3.08	2.70	3.97	4.27	4.11
	(0.82)	(0.96)	(0.82)	(0.94)	(0.88)	(0.87)	(0.86)	(0.70)	(1.09)	(0.87)	(0.74)

注:括号内为标准差。

具有显著嗅听因素差异的每组测点的气味环境评价差值累积条形图如图 3-13 所示,对于步行街而言,测点 1 及测点 2、测点 3 及测点 4 的评价差值分布较为类似,前者的评价差值变化幅度更大,其中测点 1 比测点 2 的主观浓度高 0.73,单一度低 0.7,自然度低 0.54。测点 3 比测点 4 的自然度低 0.78,主观浓度和气味喜好度高约 0.5。测点 5 比测点 6 的主观浓度和刺鼻度分别低 0.22 和 0.35。由此可知,声音可能会影响气味环境评价,测点 5 比测点 6 多了广播中的广告宣传声,而步行街中的声环境往往是混合的,该声音可能由于其他声音的掩蔽效果而显得并不明显,步行街中商铺繁多,广播声并不会引起人们的更多注意。对于街道而言,测点 7 比测点 8 的主观浓度与刺鼻度低约 0.8,气味喜好度、新鲜度与自然度高约 0.6,洁净度与气味协调度高约 0.4。对于公园而言,测点 9、10、11 的气味环境评价无显著差异。可能原因是公园内的声环境声压级较低,或是公园的气味环境本身足够良好,声音还不足以对气味环境评价产生影响。

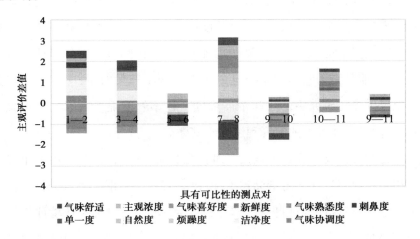

图 3-13　具有显著嗅听因素差异的每组测点的气味环境评价差值累积条形图
注:图中的评价差值为横坐标中"—"之前标号测点的评价值减去其后标号测点的,如"1—2"代表测点 1 的评价值减测点 2 的。

3.2.3 嗅听交互作用下声环境与气味环境评价的相关性

为了分析声环境与气味环境评价的关系,将声环境与气味环境的评价指标进行典型相关分析,结果表明,一共有 4 组显著相关的关系对($p<0.05$),其中前两组的相关系数大于 0.5,两者的典型相关结构如图 3-14 所示。

第一组典型相关结构如图 3-14(a)所示,声环境评价和气味环境评价的相关系数为 0.696,这说明声音和气味会影响彼此单一感官源的评价,声环境与气味环境评价之间存在着正相关的共变趋势。这意味着环境评价是一个统一的整体,人的感官感知之间存在着一定的协同作用。声环境与气味环境评价的典型变量中相关系数超过 0.5 的被标记颜色,声舒适度、声愉快度、声喜好度、声协调度越低,刺耳度、主观响度、兴奋度越高时,相应地,气味舒适度、气味喜好度、气味协调度、新鲜度、自然度、洁净度越低,烦躁度与刺鼻度则越高。第二组典型相关结构如图 3-14(b)所示,声环境评价和气味环境评价的相关系数为 0.503,强度与声熟悉度越低,气味熟悉度也越低,自然度则越高。在两个相关对中,事件感、混乱度、单一度相关性均较低,说明它们与感官环境评价的关系并不明显,可能是因为它们的主要贡献不在前两个相关对中;主观浓度相关性较低的原因可能是研究中的气味浓度梯度变化不够明显。从第三个相关对开始,相关结构对整体模型的解释程度微乎其微。

典型冗余分析反映了各个数据集对自身和对方的解释程度,由于第二个关系对中相关系数超过 0.5 的指标较少,所以对第一个关系对进行分析。在第一个相关对中,声环境评价对自身的解释程度为 37.0%,对气味环境评价的解释程度为 17.9%;气味环境评价对自身的解释程度为 41.0%,对声环境评价的解释程度为 19.8%。可见气味环境评价对声环境评价的解释性更大,表明气味环境评价对声环境评价的影响相应更大。

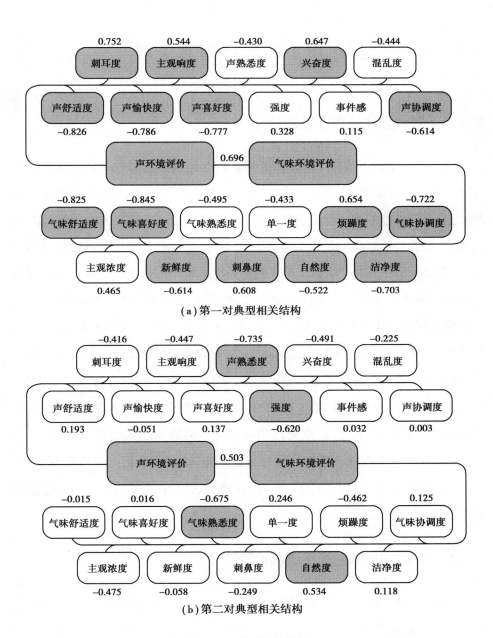

（a）第一对典型相关结构

（b）第二对典型相关结构

图 3-14　典型相关结构

3.3 嗅听交互作用下的感官因素预判

3.3.1 感官因素的重要性评价

本研究让实验被试对五感在感知城市中的重要性进行排序(最重要为1,最不重要为5),感官因素重要性等级的选择人数比例如图3-15所示。对于视觉因素而言,重要性等级选择排名第1的人数百分比最高,超过70%,共有26人选择;重要性等级选择排名第3的百分比其次,共有7人选择。对于听觉因素而言,重要性等级选择排名第2的人数百分比最高,为56.8%,共有21人选择;重要性等级选择排名第3的百分比其次,共有9人选择。对于嗅觉因素而言,重要性等级选择排名第3的人数百分比最高,为45.9%,共有17人选择;重要性等级选择排名第2的人数百分比其次,为32.4%,共有12人选择。对于味觉因素而言,重要性等级选择排名第4和第5的人数百分比最高,为45.9%,各有17人选择。对于触觉因素而言,重要性等级选择排名第5的人数百分比最高,为45.9%,共有17人选择;重要性等级选择排名第4的人数百分比其次,为37.8%,共有14人选择。从选择的百分比来看,被试普遍认为在感知城市时,视觉因素最重要,听觉因素其次,嗅觉因素排第三位,相比而言味觉与触觉则没有那么重要。

3.3.2 嗅听因素的主观影响程度评价

本研究令被试对嗅听因素对彼此感知的影响程度进行评价,对于声音对气味感知的主观影响而言,7人认为声音对气味感知无影响,30人认为有影响,两者分别占总人数的18.9%与81.1%。对于气味对声音感知的主观影响而言,9人认为气味对声音感知无影响,28人认为有影响,两者分别占总人数的24.3%

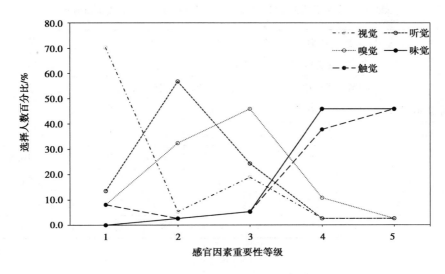

图 3-15　感官因素重要性等级的选择人数百分比

与 75.7%。选择有影响的,嗅听因素对彼此感知的具体主观影响程度选择频数及百分比见表 3-9。对于声音对气味感知的影响而言,虽然认为声音能削弱气味感知的人数与认为声音能增强气味感知的人数相差不多,但前者更多,而且大部分人认为声音与气味对彼此感知的影响程度为适中,声音增强气味感知的明显程度均值为 3.07,声音削弱气味感知的明显程度均值为 2.94。对于气味对声音感知的影响而言,认为气味能削弱声音感知的人数多于认为气味能增强声音感知的人数,多数人认为气味增强声音感知的程度为适中,而气味削弱声音感知的程度为明显,其具体的明显程度均值分别为 3.23 与 3.60。即使人们对声音与气味对彼此感知的影响判断并不完全准确,但他们普遍承认了嗅听交互作用的存在,说明人们对感官交互的意识在逐渐提高,这对感官交互设计的推广和普及有积极作用。

表 3-9 嗅听因素对彼此感知的主观影响程度选择频数及百分比

	声音增强 气味感知		声音削弱 气味感知		气味增强 声音感知		气味削弱 声音感知	
	频数	百分比/%	频数	百分比/%	频数	百分比/%	频数	百分比/%
非常不明显	0	0	0	0	1	2.7	0	0
不明显	4	10.8	4	10.8	1	2.7	1	2.7
适中	7	18.9	9	24.3	6	16.2	4	10.8
明显	1	2.7	3	8.1	4	10.8	10	27.0
非常明显	2	5.4	0	0	1	2.7	0	0
合计	14	37.8	16	43.2	13	35.1	15	40.5

3.4 嗅听交互作用下的感官期望

3.4.1 嗅听交互作用下的声期望

被试对城市公共开放空间中的声音期望见表 3-10,在希望听到的声音中,自然声共被选择了 5 种,鸟鸣声的选择频率最高,人为声和人工声分别被选择了 1 种和 2 种,音乐声的选择频率最高。由此可知,人们最期望在城市公共开放空间中听见自然声,声源的主观评价结果也显示作为选择频率最高的自然声,鸟鸣的声舒适度与声协调度同样高,这与前人的研究结果相一致[35]。此外,还有 2 人选择了交通声,8 人选择了交谈声,表明人们对城市公共开放空间中的声期望并不一定是评价较正面的声音,而是与所处环境更协调、契合的声音,有人表示城市中嘈杂的交通声与人为声带来了一种安全感,让他们觉得自己是城市的一部分。不希望听到的声音主要为人为声与人工声,分别被选择了 2 种与 4 种,交通声的选择频率最高,施工声和机械振动声的选择频率其次。

表 3-10　城市公共开放空间中的声音期望

声音种类		声音	频率	百分比/%
希望	自然	鸟鸣	9	24.3
		水声	6	16.2
		虫鸣	1	2.7
		风声	4	10.8
		风吹树叶声	3	8.1
	人为	交谈声	8	21.6
	人工	音乐声	25	67.6
		交通声	2	5.4
不希望	人为	喊叫声	4	10.8
		儿童嬉戏声	1	2.7
	人工	交通声	10	27
		警笛声	1	2.7
		施工声	9	24.3
		机械振动	9	24.3

3.4.2　嗅听交互作用下的气味期望

被试对城市公共开放空间的气味期望中,2 人填写了无气味情况,其他情况见表 3-11,希望闻到的气味种类共有 6 种,植物气味中花香气味的选择频率最高,草地气味与饭店气味其次,湿润泥土气味的频率排第三位。人们希望在城市公共开放空间中闻到的气味多为评价较为正面或中性的气味,以及同样与所处环境更协调的气味。在不希望闻到的气味中,污染气味与人类气味分别被选择了 5 种与 1 种,其中香烟气味与汽车尾气味的选择频率最高,下水道气味和垃圾气味的选择频率其次。与声期望不同的是,并未有人期望在城市中闻到负面的气味,如各种污染气味,有人表示气味是吸入体内的,吸入污染气味会对人体有害。造成此差异的原因可能是听觉与嗅觉的感受机制不同,嗅觉感受的刺激是化学物质,气味分子是与人零距离接触的,而听觉并非如此。

表 3-11　城市公共开放空间中的气味期望

气味种类		气味	频率	百分比/%
希望	植物	花香味	24	64.9
		草地味	11	29.7
	食物	饭店味	11	29.7
	动物	宠物味	2	5.4
	化学物质	香水味	2	5.4
	土	湿润泥土味	7	18.9
	水	池水味	1	2.7
不希望	污染	香烟味	12	32.4
		下水道味	10	27
		垃圾味	9	24.3
		汽车尾气味	12	32.4
		雾霾味	5	13.5
	人类	尿味	3	8.1

3.5　本章小结

本研究采用感官漫步法,将声漫步与气味漫步相结合,探索城市公共开放空间中的多种声音和气味交互作用下,人们对声音、气味、声环境、气味环境的感知,以及人们的感官因素预判与感官期望特征。主要结论如下:

对于气味对声源感知的影响而言,在有气味和无气味存在的情况下,声源的感知概率变化较小,而且气味的存在对声源的感知度无显著影响。虽然统计学上无显著性,但是面包房气味会稍微降低交通声的感知概率。并且有无气味的存在不影响声源属性判断。对于声源评价而言,食物气味会提高声源的声舒适度与声协调度,降低主观响度,但是其对感知度高的前景声的影响非常小,如音乐声;污染气味则会降低交通声的评价,降低其主观响度。

对于声音对嗅源感知的影响而言,声音变化的情况下嗅源的感知概率、感知度无显著差异。所有能闻到气味的测点的嗅源平均感知度非常高,均为 4.5 以上,感知频数均接近总人数,相应的感知概率也同样高,并且声音的变化不影响嗅源属性判断。声音会降低气味的主观浓度,以及降低气味的评价,交通声的降低效果最明显。

对于气味对声环境评价的影响而言,气味会显著影响声环境评价,但声熟悉度除外。食物气味会提高步行街的声环境评价,不同食物的提高程度不同;污染气味会降低街道的声环境评价。气味均会对主观响度产生一定的降低效果。

对于声音对气味环境评价的影响而言,声音会对其产生显著影响,但是不影响气味熟悉度,且声音对气味环境评价的影响较弱。

对于嗅听感知的异同与相关性而言,嗅听间存在着掩蔽效应,气味的存在会降低声音及声环境的主观响度,声音的增多会降低气味及气味环境的主观浓度。同时,评价较高的感官源会提高其他感官源及感官环境的评价,评价低的感官源的效果则与之相反。声环境与气味环境的评价存在正相关性,并且气味对声源及声环境评价的影响程度均大于声音对嗅源及气味环境评价的影响程度。

在感知城市的感官因素重要性评价中,视觉、听觉、嗅觉的重要性分别位于前三位,超过 70% 的被试认为城市公共开放空间中的声音与气味会对彼此的感知产生影响,而且认为这种影响使彼此削弱的比例更大。

对于城市公共开放空间中的嗅听期望而言,大部分人希望听到自然声与音乐声,不希望听到部分人为声与人工声,但仍有人希望听到交通声与交谈声这种单独评价下为非正面的,但与整体环境相协调、契合的声源。多数人希望闻到植物与食物气味,而不希望闻到污染气味。

第4章　嗅听交互感知效应研究

本章对嗅听交互感知效应进行系统研究,通过实验室研究的方法,对声音种类与音量、气味种类与浓度进行控制,以主观问卷的方式获取数据,从嗅觉因素对声音感知的影响、听觉因素对气味感知的影响、嗅听交互作用下的整体感知 3 个方面对不同声音与气味组合下的主观评价进行分析,并讨论嗅听交互作用下声音与气味感知评价、单一感官与整体评价的关系。

4.1　嗅觉因素对声音感知的影响

本节以植物气味(丁香花、桂花)与食物气味(咖啡、面包)作为嗅觉影响因素,在嗅听交互作用下得到被试的声音感知评价,具体分析在不同种类以及浓度的气味刺激下,自然声、人为声、人工声的声音感知表现规律,具体包括声舒适度、声喜好度、声熟悉度及主观响度的评价变化。

4.1.1　嗅觉因素对声舒适度的影响

1)植物气味对声舒适度的影响

如图 4-1 所示为植物气味影响下的声舒适度,当被试只给定声音刺激时,对于鸟鸣声而言,中音量声音的声舒适度最高,高音量声音的声舒适度最低,交谈声、交通声的声舒适度均随着音量升高依次下降。对于丁香花气味而言,当给定的声音为鸟鸣声时,如图 4-1(a)所示,随着丁香花气味的引入以及浓度的提高,低音量声音的声舒适度几乎不变;中音量声音的声舒适度逐渐下降,在气味浓度最高时达到最低,其均值与无气味时相比下降了 0.29;高音量声音的声舒适度逐渐上升,在气味浓度最高时达到最高,其均值与无气味时相比提高了 0.34。当给定交谈声时,如图 4-1(c)所示,低音量声音的声舒适度几乎不变;中音量声音的声舒适度先升高再下降,在丁香花气味浓度适中时达到最高,比无气味时平均上升了 0.23;高音量声音的声舒适度逐渐上升,在丁香花气味的浓度最高时达到最高,其均值与无气味时相比提高了 0.34。当给定交通声时,如图 4-1(e)所示,总体趋势与交谈声类似,低音量情况几乎不变;中音量声音的声舒适度先升高再下降,在气味浓度适中时达到最高,比无气味时平均上升了 0.47;高音量声音的声舒适度逐渐上升,且在丁香花气味的浓度为最高时,其均值与无气味时相比提高了 0.51。

对于桂花气味而言,其总体趋势与丁香花气味类似。当给定的声音为鸟鸣声时,如图 4-1(b)所示,随着桂花气味的引入以及浓度的提高,低音量声音的声舒适度趋势几乎不变;中音量声音的声舒适度逐渐下降,在气味浓度最高时,其均值与无气味时相比下降了 0.32;高音量声音的声舒适度逐渐上升,在气味浓度最高时,其均值与无气味时相比提高了 0.39。当给定的声音为交谈声时,如图 4-1(d)所示,低音量声音的声舒适度趋势基本为直线;中音量声音的声舒适度在桂花气味浓度为适中时达到最高值,比无气味时平均上升了 0.29;高音量声音的声舒适度逐渐上升,且在桂花气味浓度最高时达到最大值,其均值与无气味时相比提高了 0.44。当给定的声音为交通声时,如图 4-1(f)所示,其总体趋势与交谈声类似,中音量声音的声舒适度在气味浓度适中时达到最高,比无气味时平均上升了 0.45;高音量声音的声舒适度在气味浓度最高时,比无气味时的均值提高了 0.51。

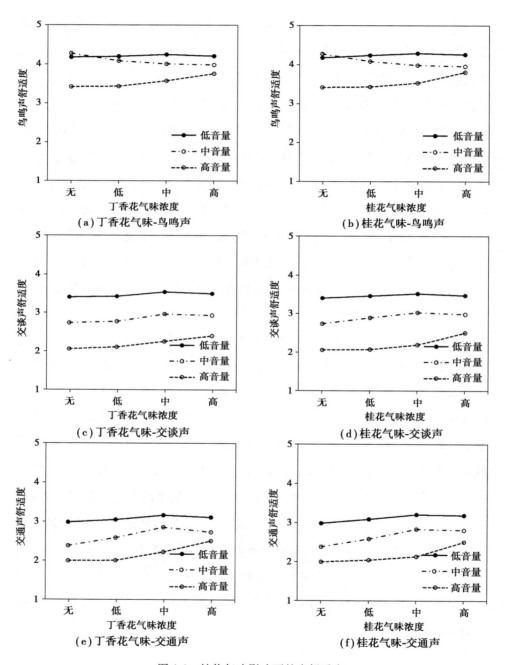

图 4-1　植物气味影响下的声舒适度

2）食物气味对声舒适度的影响

如图 4-2 所示为食物气味影响下的声舒适度。对于咖啡气味而言，当给定鸟鸣声时，如图 4-2（a）所示，随着咖啡气味的引入及浓度的提高，低、中音量声音的声舒适度逐渐降低，在浓度最高时达到最低，与无气味时相比分别降低了 0.15 和 0.19；高音量声音的声舒适度逐渐上升，在其浓度最高时，声舒适度达到最高，与无气味时相比提高了 0.21。当给定交谈声时，如图 4-2（c）所示，低音量声音的声舒适度在中浓度气味影响下达到最高，其均值与无气味时相比提高了 0.23；中音量声音的声舒适度逐渐上升，在气味浓度最高时达到最大，与无气味时相比提高了 0.52；高音量声音的声舒适度在气味浓度较低时存在降低趋势，之后随着气味浓度的升高而提高，在咖啡气味浓度最高时达到最大，比无气味时平均提高了 0.41。当给定交通声时，如图 4-2（e）所示，与交谈声类似，低音量声音的声舒适度几乎为直线；中音量声音的声舒适度逐渐上升，在气味浓度最高时达到最大，与无气味时相比提高了 0.40；高音量声音的声舒适度在气味浓度较低时几乎不变，之后随着气味浓度的升高而上升，在咖啡气味浓度最高时，与无气味时相比提高了 0.63。

对于面包气味而言，当给定鸟鸣声时，如图 4-2（b）所示，随着面包气味的引入及浓度的提高，低音量与中音量声音的声舒适度几乎不变；高音量声音的声舒适度在低浓度气味影响下存在下降趋势，之后随着气味浓度升高逐渐上升，在浓度最高时，声舒适度达到最高，与无气味时相比提高了 0.26。当给定交谈声时，如图 4-2（d）所示，低音量声音的声舒适度几乎不变；中、高音量声音的声舒适度逐渐上升，在气味浓度最高时达到最大，其均值与无气味时相比分别提高了 0.57 和 0.34。当给定交通声时，如图 4-2（f）所示，中、高音量声音的声舒适度随着浓度提高，上升幅度逐渐增大，在气味浓度最高时达到最大，其均值与无气味时相比分别提高了 0.38 和 0.33。

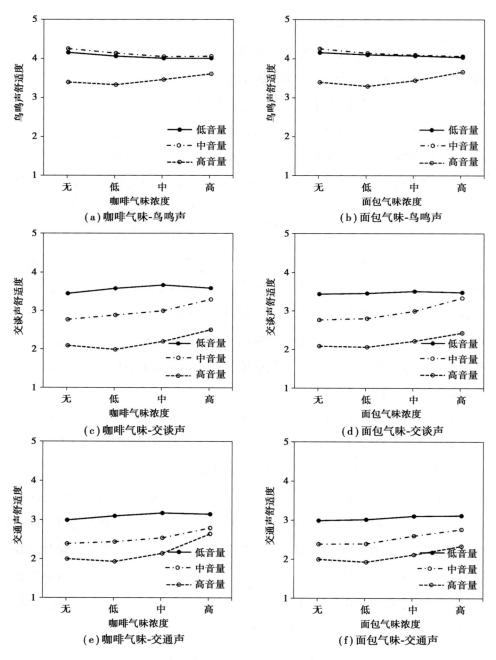

图 4-2　食物气味影响下的声舒适度

3）嗅听交互作用下的声舒适度分析

为比较气味影响下声舒适度的差异,采用多因素方差分析,以声音种类（因素简称为声音）、音量、气味种类（因素简称为气味）、浓度为自变量,采用全因子模型对声舒适度进行多因素方差分析,模型的分解方法采用Ⅲ型平方和（本章以下方差分析均以上述 4 种因素为自变量,并采用同样的分解方法）,得到的结果见表 4-1。结果显示声音种类、音量、浓度 3 种因素对声舒适度的影响均达到显著水平（$p=0.000<0.01$）,声音种类与音量、声音种类与浓度、音量与浓度的交互效果均达显著水平（$p<0.05$）,即嗅觉因素会影响声舒适度评价。对具有显著性的主效应,若其与其他因素存在显著交互作用,则具体分析交互作用的影响。本研究内容为嗅听交互感知效应,对有交互作用的因素,本章以下均分析嗅听交互因素的影响,听觉因素或嗅觉因素对自身的单独影响差异不作讨论,以表 4-1 为例,声音种类与音量的交互作用均属于声音自身的因素,因此不作具体分析。

表 4-1　声舒适度的多因素方差分析

源	Ⅲ型平方和	df	均方	F	$Sig.$
声音	2 286.737	2	1 143.368	1 973.117	**.000**
音量	1 092.580	2	546.290	942.736	**.000**
气味	2.871	3	.957	1.651	.175
浓度	34.770	2	17.385	30.001	**.000**
声音＊音量	104.245	4	26.061	44.974	**.000**
声音＊气味	3.476	6	.579	1.000	.423
声音＊浓度	7.326	4	1.831	3.160	**.013**
音量＊气味	2.332	6	.389	.671	.673
音量＊浓度	27.245	4	6.811	11.754	**.000**
气味＊浓度	2.506	6	.418	.721	.633
声音＊音量＊气味	8.506	12	.709	1.223	.260
声音＊音量＊浓度	4.839	8	.605	1.044	.400

续表

源	Ⅲ型平方和	df	均方	F	Sig.
声音＊气味＊浓度	1.816	12	.151	.261	.995
音量＊气味＊浓度	4.435	12	.370	.638	.811
气味＊浓度＊声音＊音量	2.968	24	.124	.213	1.000

注:其中加粗表示显著性水平 $p<0.05$。

　　将无统计学意义的因素去除后对模型进行简化,将具有交互作用的因素进行单纯主要效果检验。声音种类与浓度存在交互作用,声舒适度均值的多重比较结果见表4-2,对于鸟鸣声而言,不同浓度对其声舒适度的影响无显著差异。对于交谈声而言,结果显示浓度分为3个同质子集(子集彼此间存在显著差异,$p=0.000<0.01$),分别为无气味与低浓度、低浓度与中浓度、中浓度与高浓度,子集中的两者不存在显著差异。随着气味浓度的升高,交谈声的声舒适度逐渐提高。对于交通声而言,结果显示浓度分为两个同质子集,无气味与低浓度气味、中浓度与高浓度气味,随着气味浓度的升高,交通声的声舒适度逐渐提高。

表 4-2　声音种类与浓度交互作用下声舒适度均值的多重比较

声音	浓度	alpha＝0.05 的子集		
		1	2	3
鸟鸣	低	3.881		
	中	3.900		
	无	3.949		
	高	3.954		
	显著性	.496		

续表

声音	浓度	alpha=0.05 的子集		
		1	2	3
交谈	无	2.732		
	低	2.776	2.776	
	中		2.908	2.908
	高			3.017
	显著性	.879	.102	.236
交通	无	2.446		
	低	2.503		
	中		2.663	
	高		2.792	
	显著性	.730	.084	

对于音量而言,其与浓度存在交互作用,声舒适度均值的多重比较结果见表 4-3,对于低音量声音而言,气味浓度变化对其声舒适度的影响不存在显著差异,声舒适度随着气味浓度的升高逐渐升高,中浓度气味对其影响最大;对于中音量声音而言,浓度分为两个同质子集,气味存在时的声舒适度高于无气味的情况;对于高音量声音而言,浓度分为两个同质子集,无气味、低浓度、中浓度为一组,其与高浓度存在显著差异($p=0.000<0.01$),即高浓度气味对高音量声音存在显著影响,随着气味浓度的升高,声舒适度逐渐提高。

对于浓度而言,其与声音种类、音量均存在交互作用,浓度与声音种类交互作用下的声舒适度均值的多重比较结果见表 4-4,对于无气味以及高、中、低浓度的气味而言,3 种声音种类均分为 3 个同质子集,即不同种类声音在不同气味浓度影响下的声舒适度均存在显著差异($p=0.000<0.01$),不同浓度气味的条件下均为鸟鸣声的声舒适度最高,交谈声其次,交通声最低。

表4-3　音量与浓度交互作用下声舒适度均值的多重比较

音量	浓度	alpha=0.05 的子集	
		1	2
低	无	3.515	
	低	3.554	
	高	3.583	
	中	3.616	
	显著性	.268	
中	无	3.125	
	低	3.141	3.141
	中	3.236	3.236
	高		3.298
	显著性	.298	.060
高	低	2.465	
	无	2.488	
	中	2.620	
	高		2.881
	显著性	.062	1.000

表4-4　浓度与声音种类交互因素影响下声舒适度均值的多重比较

浓度	声音	alpha=0.05 的子集		
		1	2	3
无	交通	2.446		
	交谈		2.732	
	鸟鸣			3.949
	显著性	1.000	1.000	1.000

续表

浓度	声音	alpha＝0.05 的子集		
		1	2	3
低	交通	2.503		
	交谈		2.776	
	鸟鸣			3.881
	显著性	1.000	1.000	1.000
中	交通	2.663		
	交谈		2.908	
	鸟鸣			3.900
	显著性	1.000	1.000	1.000
高	交通	2.792		
	交谈		3.017	
	鸟鸣			3.954
	显著性	1.000	1.000	1.000

浓度与音量交互作用下的声舒适度均值多重比较见表 4-5,对于无气味以及低、中、高浓度的气味而言,高、中、低 3 种音量均分为 3 个同质子集,即不同音量声音在不同气味浓度影响下的声舒适度均存在显著差异($p＝0.000<0.01$),随着音量的升高,声舒适度均逐渐下降。

表 4-5　浓度与音量交互因素影响下声舒适度均值的多重比较

浓度	音量	alpha＝0.05 的子集		
		1	2	3
无	高	2.488		
	中		3.125	
	低			3.515
	显著性	1.000	1.000	1.000

续表

浓度	音量	alpha=0.05 的子集		
		1	2	3
低	高	2.465		
	中		3.141	
	低			3.554
	显著性	1.000	1.000	1.000
中	高	2.620		
	中		3.236	
	低			3.616
	显著性	1.000	1.000	1.000
高	高	2.881		
	中		3.298	
	低			3.583
	显著性	1.000	1.000	1.000

4.1.2 嗅觉因素对声喜好度的影响

1)植物气味对声喜好度的影响

如图 4-3 所示为植物气味影响下的声喜好度,当只给定声音刺激时,对于鸟鸣声而言,中音量声音的声喜好度最高,高音量声音的声喜好度最低,交谈声、交通声的声喜好度随着音量升高依次下降,与声舒适度变化一致。对于丁香花气味而言,当给定鸟鸣声时,如图 4-3(a)所示,随着丁香花气味的引入及浓度的提高,低音量声音的声喜好度几乎不变;中音量声音的声喜好度逐渐下降,在浓度最高时达到最低值,其均值与无气味时相比下降了 0.38;高音量声音的声喜好度逐渐上升,在气味浓度最高时达到最高值,其均值与无气味时相比提高了0.41。当给定交谈声时,如图 4-3(c)所示,低音量声音的声喜好度先随着浓度升高而逐渐提升,在气味浓度为适中时达到最高值,与无气味时相比提高了0.33,之后随着气味浓度变为最高逐渐下降;中音量声音的声喜好度几乎不变;高音量声音的声喜好度逐渐上升,在气味浓度为最高时,声喜好度达到最高,其均值与无气味时相比提高了0.39。当给定交通声时,如图4-3(e)所示,其总体趋势与交谈声类似,低、中音量声音的声喜好度先升高再下降,在气味浓度适中时声喜好度达到最高,比无气味时分别上升了0.22和0.36;高音量声音的声喜好度逐渐上升,在气味浓度为最高时,其均值与无气味时相比提高了0.38。

对于桂花气味而言,当给定鸟鸣声时,如图4-3(b)所示,随着桂花气味的引入及浓度的提高,低、高音量声音的声喜好度趋势几乎不变;中音量声音的声喜好度逐渐下降,在气味浓度最高时,与无气味时相比下降了0.23。当给定交谈声时,如图4-3(d)所示,低音量声音的喜好度先随着浓度升高而提升,在气味浓度为适中时达到最高值,与无气味时相比提高了0.31,之后随着气味浓度升高而下降;中音量声音的声喜好度几乎不变;高音量声音的声喜好度随着浓度增加先无明显变化,当气味为高浓度时其值明显提高,且在桂花气味的浓度最高时,声喜好度达到最高,其均值与无气味时相比提高了0.39。当给定交通声时,如图4-3(f)所示,低音量声音的声喜好度与交谈声类似,在气味浓度适中时达到最高值,与无气味时相比提高了0.33;中音量声音的声喜好度与低音量类似,在气味浓度适中时与无气味时相比提高了0.25;高音量声音的声喜好度随着浓度升高而逐渐提高,且在桂花气味的浓度最高时,声喜好度达到最高,其均值与无气味时相比提高了0.23。

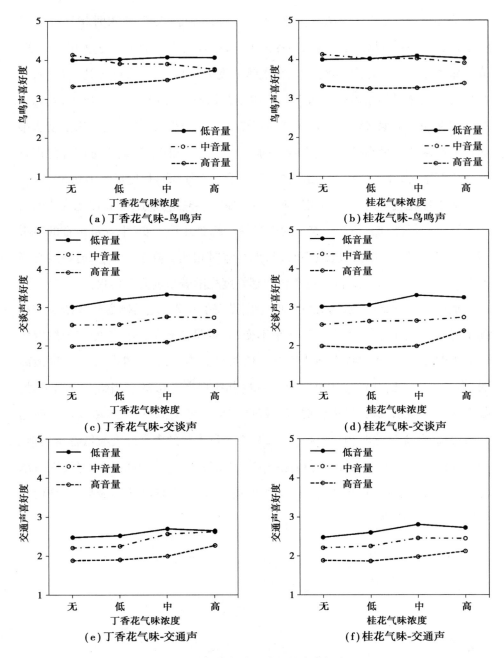

图 4-3　植物气味影响下的声喜好度

2）食物气味对声喜好度的影响

如图 4-4 所示为食物气味影响下的声喜好度。对于咖啡气味而言,当给定鸟鸣声时,如图 4-4(a)所示,随着咖啡气味的引入及浓度的提高,低、中音量声音的声喜好度逐渐降低,在浓度最高时达到最低,与无气味时相比分别降低了 0.17 和 0.28;高音量声音的声喜好度逐渐上升,在其浓度为最高时,声喜好度达到最高,与无气味时相比提高了 0.31。当给定交谈声时,如图 4-4(c)所示,低音量的声音声喜好度在中浓度气味影响下达到最高,其均值与无气味时相比提高了 0.26;中音量声音的声喜好度逐渐上升,在气味浓度最高时,与无气味时相比提高了 0.46;高音量声音的声喜好度在低浓度气味影响下降低,之后随着气味浓度的升高而提高,在咖啡气味浓度为最高时达到最大,比无气味时平均下降了 0.26。当给定交通声时,如图 4-4(e)所示,低音量声音的声喜好度几乎不随浓度改变;中音量声音的声喜好度逐渐上升,在气味浓度为最高时达到最大,其均值与无气味时相比提高了 0.39;高音量声音的声喜好度在咖啡气味浓度最高时比无气味时平均提高了 0.48。

对于面包气味而言,当给定鸟鸣声时,如图 4-4(b)所示,随气味的引入及浓度的提高,低、中音量声音的声喜好度逐渐降低,在浓度最高时,其均值与无气味时相比分别降低了 0.12 和 0.23;高音量鸟鸣声的声喜好度逐渐上升,在浓度最高时比无气味时提高了 0.34。当给定交谈声时,如图 4-4(d)所示,低、中音量声音的声喜好度随着气味浓度升高而先升后降,在气味浓度为适中时达到最高,与无气味时相比分别提高了 0.18 和 0.21;高音量声音的声喜好度则逐渐升高,在浓度最高时比无气味时提高了 0.26。当给定交通声时,如图 4-4(f)所示,低、中音量声音的声喜好度几乎不变;高音量声音的声喜好度则先降再升,在气味浓度最高时达到最大,比无气味时平均下降了 0.18。

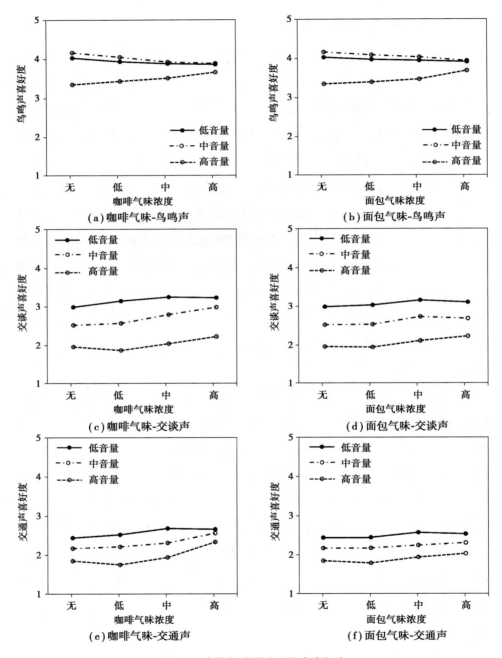

图 4-4　食物气味影响下的声喜好度

3）嗅听交互作用下的声喜好度分析

为比较气味影响下声喜好度的差异，采用多因素方差分析方法，结果见表
4-6。结果显示声音种类、音量、浓度 3 种因素对声喜好度的影响均达到显著水
平（$p = 0.000 < 0.01$），声音种类与音量、声音种类与浓度、音量与浓度的交互效
果均达显著水平（$p = 0.000 < 0.01$），即嗅觉因素会影响声喜好度的评价。

表 4-6　声喜好度的多因素方差分析

源	Ⅲ型平方和	df	均方	F	Sig.
声音	3 087.941	2	1 543.971	2 482.464	**.000**
音量	686.645	2	343.322	552.009	**.000**
气味	3.610	3	1.203	1.935	.122
浓度	23.059	2	11.530	18.538	**.000**
声音＊音量	84.590	4	21.147	34.002	**.000**
声音＊气味	3.013	6	.502	.807	.564
声音＊浓度	8.333	4	2.083	3.349	**.010**
音量＊气味	6.232	6	1.039	1.670	.124
音量＊浓度	16.954	4	4.238	6.815	**.000**
气味＊浓度	1.790	6	.298	.480	.824
声音＊音量＊气味	10.021	12	.835	1.343	.186
声音＊音量＊浓度	3.377	8	.422	.679	.711
声音＊气味＊浓度	2.725	12	.227	.365	.976
音量＊气味＊浓度	2.495	12	.208	.334	.983
声音＊音量＊气味＊浓度	3.017	24	.126	.202	1.000

注：其中加粗表示显著性水平 $p < 0.05$。

将无统计学意义的因素去除后对模型进行简化，将具有交互作用的因素进
行单纯主要效果检验。声音种类与浓度存在交互作用，声喜好度均值的多重比
较见表 4-7。对于鸟鸣声而言，不同浓度气味对其声喜好度的影响无显著差异，

声喜好度均值几乎不变;对于交谈声而言,浓度分为 3 个同质子集,无气味与低浓度、低浓度与中浓度、中浓度与高浓度,随着气味浓度升高,声喜好度逐渐提高;对于交通声而言,结果表示浓度分为两个同质子集,无气味与低浓度,中浓度与高浓度,与交谈声类似,同样随着气味浓度的升高,声喜好度逐渐提高。

表 4-7　声音种类与浓度交互作用下声喜好度均值的多重比较

声音	浓度	alpha=0.05 的子集		
		1	2	3
鸟鸣	低	3.795		
	中	3.803		
	高	3.821		
	无	3.836		
	显著性	.866		
交谈	无	2.461		
	低	2.503	2.503	
	中		2.643	2.643
	高			2.725
	显著性	.886	.066	.481
交通	无	2.170		
	低	2.189		
	中		2.346	
	高		2.435	
	显著性	.982	.320	

　　音量与浓度交互作用下声喜好度均值的多重比较结果见表 4-8,不同浓度对低音量声音与中音量声音的声喜好度影响无显著差异,但高音量声音的声喜好度评价结果显示,与其他浓度的气味情况相比,高浓度的气味会显著提升高音量声音的声喜好度。

表4-8　音量与浓度交互作用下声喜好度均值的多重比较

音量	浓度	alpha＝0.05 的子集	
		1	2
低	无	3.143	
	低	3.192	
	高	3.260	
	中	3.303	
	显著性	.052	
中	低	2.923	
	无	2.943	
	中	3.016	
	高	3.031	
	显著性	.374	
高	低	2.372	
	无	2.381	
	中	2.473	
	高		2.690
	显著性	.422	1.000

　　浓度与声音种类交互作用下的声喜好度均值的多重比较见表4-9,对于所有气味浓度的情况而言,声音种类均分为 3 个同质子集,交通声、交谈声、鸟鸣声各为一个子集,结果显示交通声的声喜好度最低,交谈声的声喜好度适中,而鸟鸣声的声喜好度最高。

　　浓度与音量交互作用下声喜好度均值的多重比较见表4-10,对于所有浓度的情况而言,音量均分为 3 个同质子集,高音量、中音量、低音量各为一个子集,不同浓度的情况下均存在随着音量升高声喜好度逐渐降低的趋势。

表 4-9　浓度与声音种类交互因素影响下声喜好度均值的多重比较

浓度	声音	alpha＝0.05 的子集		
		1	2	3
无	交通	2.170		
	交谈		2.461	
	鸟鸣			3.836
	显著性	1.000	1.000	1.000
低	交通	2.189		
	交谈		2.503	
	鸟鸣			3.795
	显著性	1.000	1.000	1.000
中	交通	2.346		
	交谈		2.643	
	鸟鸣			3.803
	显著性	1.000	1.000	1.000
高	交通	2.435		
	交谈		2.725	
	鸟鸣			3.821
	显著性	1.000	1.000	1.000

表 4-10　浓度与音量交互因素影响下声喜好度均值的多重比较

浓度	音量	alpha＝0.05 的子集		
		1	2	3
无	高	2.381		
	中		2.943	
	低			3.143
	显著性	1.000	1.000	1.000

浓度	音量	alpha=0.05 的子集		
		1	2	3
低	高	2.372		
	中		2.923	
	低			3.192
	显著性	1.000	1.000	1.000
中	高	2.473		
	中		3.016	
	低			3.303
	显著性	1.000	1.000	1.000
高	高	2.690		
	中		3.031	
	低			3.260
	显著性	1.000	1.000	1.000

4.1.3　嗅觉因素对声熟悉度的影响

1）植物气味对声熟悉度的影响

如图 4-5 所示为植物气味影响下的声熟悉度,当只给定声音刺激时,鸟鸣声、交谈声、交通声的声熟悉度均较高,其均值均超过 4。对于丁香花气味而言,当给定鸟鸣声时,如图 4-5（a）所示,低、中、高音量的声熟悉度变化趋势基本重合。当给定交谈声时,如图 4-5（c）所示,声熟悉度的变化与鸟鸣声情况类似,3种音量的熟悉度整体趋势呈直线。当给定交通声时,如图 4-5（e）所示,其变化如前者。对于桂花气味而言,当给定鸟鸣声时,如图 4-5（b）所示,随着桂花气味的引入以及气味浓度的提高,声熟悉度几乎不变。当给定交谈声与交通声时,如图 4-5（d）与图 4-5（f）所示,声熟悉度的整体趋势基本重合。

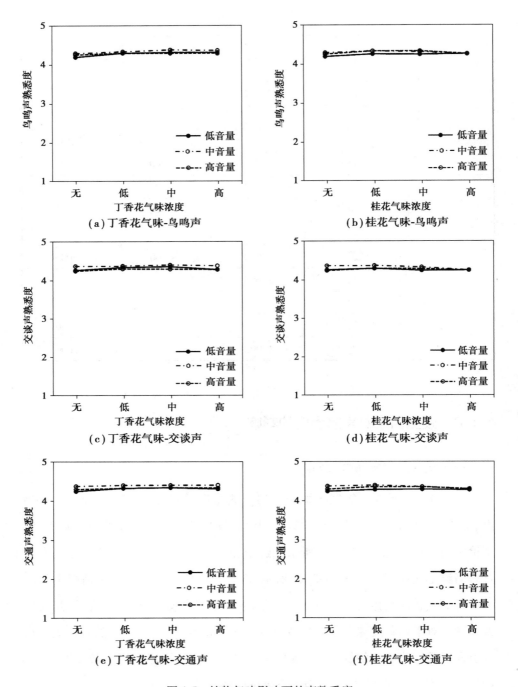

图4-5 植物气味影响下的声熟悉度

2)食物气味对声熟悉度的影响

如图 4-6 所示为食物气味影响下的声熟悉度。对于咖啡气味而言,当给定的声音为鸟鸣声时,其声熟悉度评价结果如图 4-6(a)所示,随着咖啡气味的引入以及浓度的提高,声熟悉度几乎不发生变化。当给定的声音为交谈声时,如图 4-6(c)所示,3 种音量声音的声熟悉度同样均无明显变化。当给定的声音为交通声时,如图 4-6(e)所示,其变化如鸟鸣声与交谈声。

对于面包气味而言,当给定的声音为鸟鸣声时,其声熟悉度的评价结果如图 4-5(b)所示,声熟悉度的变化趋势基本呈直线。当给定的声音为交谈声与交通声时,其声熟悉度的评价结果如图 4-5(d)与图 4-5(f)所示,两者的声熟悉度评价较高。

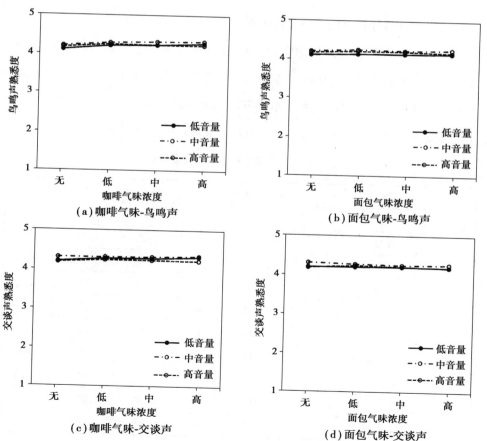

（a）咖啡气味-鸟鸣声　　　　　　（b）面包气味-鸟鸣声

（c）咖啡气味-交谈声　　　　　　（d）面包气味-交谈声

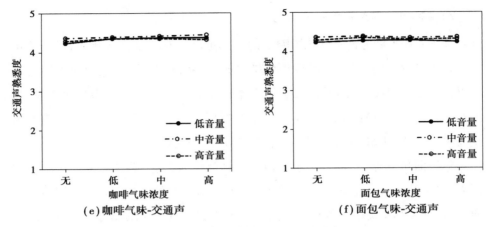

图 4-6 食物气味影响下的声熟悉度

3）嗅听交互作用下的声熟悉度分析

为比较气味影响下声熟悉度的差异，采用多因素方差分析，得到的结果见表 4-11。对于 4 种嗅听因素而言，只有音量的主要效果达到显著水平（$p=0.001<0.01$），气味种类、声音种类、浓度则对声熟悉度的影响显著，而且 4 个因素之间不存在交互作用（$p>0.05$），表明嗅觉因素不会对声熟悉度产生显著影响。

表 4-11 声熟悉度的多因素方差分析

源	Ⅲ型平方和	df	均方	F	Sig.
声音	1.228	2	.614	1.209	.299
音量	7.479	2	3.739	7.364	**.001**
气味	3.264	3	1.088	2.142	.093
浓度	.221	2	.110	.217	.805
声音 * 音量	.654	4	.163	.322	.863
声音 * 气味	.126	6	.021	.041	1.000
声音 * 浓度	.077	4	.019	.038	.997
音量 * 气味	1.251	6	.208	.410	.873
音量 * 浓度	.157	4	.039	.077	.989
气味 * 浓度	.812	6	.135	.267	.953

续表

源	Ⅲ型平方和	df	均方	F	Sig.
声音＊音量＊气味	.118	12	.010	.019	1.000
声音＊音量＊浓度	.133	8	.017	.033	1.000
声音＊气味＊浓度	.079	12	.007	.013	1.000
音量＊气味＊浓度	.606	12	.051	.100	1.000
声音＊音量＊气味＊浓度	.163	24	.007	.013	1.000

注：其中加粗表示显著性水平 $p<0.05$。

4.1.4　嗅觉因素对主观响度的影响

1）植物气味对主观响度的影响

如图 4-7 所示为植物气味影响下的主观响度，当被试只给定声音刺激时，无论何种声音，其音量为小、中、大时对应的主观响度值均十分接近。对于丁香花气味而言，当给定鸟鸣声时，其主观响度评价结果如图 4-7（a）所示，随着丁香花气味的引入及气味浓度的提高，所有音量声音的主观响度值均呈下降趋势，低音量声音的下降趋势不明显，中、高音量声音的主观响度下降幅度较明显，在丁香花气味浓度为最高时，主观响度最低，其均值比无气味时分别降低了 0.37 和 0.58。当给定交谈声时，其主观响度评价结果如图 4-7（c）所示，与鸟鸣声类似，低音量声音的主观响度几乎不变；中音量声音的主观响度下降幅度较明显，在丁香花气味浓度为最高时达到最低，比无气味时降低了 0.25；高音量声音的主观响度几乎不变，在高气味浓度时，其均值比无气味时降低了 0.20。当给定交通声时，其主观响度评价结果如图 4-7（e）所示，低音量声音的主观响度没有明显改变；中、高音量声音的主观响度随着气味浓度升高而下降，在丁香花气味浓度最高时达到最低，比无气味时分别降低了 0.30 和 0.44。

对于桂花气味而言，主观响度的变化趋势与丁香花类似，当给定声音为鸟鸣声时,其主观响度评价结果如图 4-7(b) 所示,随着桂花气味的引入以及气味浓度的提高,低、中、高 3 种音量声音的主观响度均逐渐下降,在桂花气味浓度为最高时主观响度达到最低,比无气味时分别降低了 0.37、0.52、0.46。当给定的声音为交谈声时,其主观响度评价结果如图 4-7(d) 所示,低音量与高音量声音的主观响度几乎不变;中音量声音的主观响度逐渐下降,在气味浓度为最高时达到最低值,比无气味时平均下降了 0.25。当给定的声音为交通声时,其主观响度评价结果如图 4-7(f) 所示,低音量与中音量声音的主观响度几乎不变;高音量声音的主观响度在低、中气味浓度影响下基本无变化,在高气味浓度影响下降的程度较低、中气味浓度明显,其均值与无气味时相比降低了 0.22。

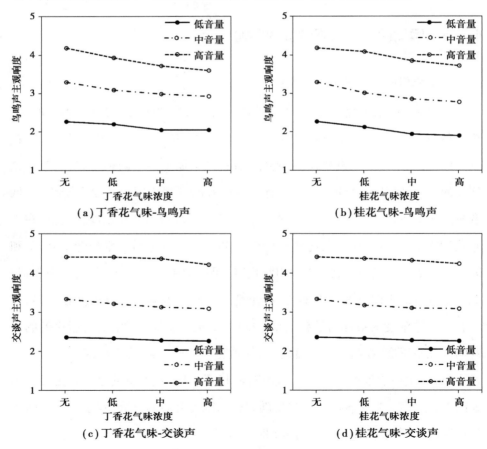

（a）丁香花气味-鸟鸣声 （b）桂花气味-鸟鸣声
（c）丁香花气味-交谈声 （d）桂花气味-交谈声

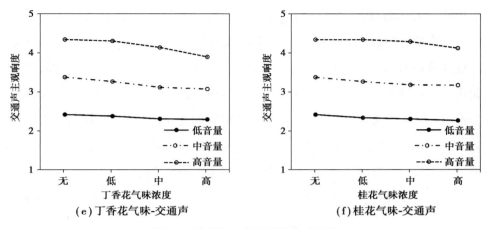

图 4-7　植物气味影响下的主观响度

2）食物气味对主观响度的影响

如图 4-8 所示为食物气味影响下的主观响度。对于咖啡气味而言,当给定声音为鸟鸣声时,其主观响度评价结果如图 4-8（a）所示,随着咖啡气味的引入以及气味浓度的提高,声音的主观响度均逐渐下降,中音量声音的主观响度下降幅度比低音量与高音量的大,在咖啡气味浓度为最高时主观响度最低,与无气味时相比,低、中、高音量声音的主观响度分别降低了 0.42、0.64、0.41。当给定声音为交谈声时,其主观响度评价结果如图 4-8（c）所示,3 种声音的主观响度均逐渐下降,中音量与高音量声音的主观响度下降幅度最大,在气味浓度为最高时达到最低值,低音量声音的主观响度比无气味时平均下降了 0.27,中音量与高音量声音的主观响度均下降了 0.60。当给定声音为交通声时,其主观响度评价结果如图 4-8（e）所示,低、中、高音量声音的主观响度逐渐下降,当咖啡气味浓度为最高时,低、中、高音量声音的主观响度均值比无气味时分别降低了 0.27、0.33、0.44。

对于面包气味而言,3 种声音的主观响度均呈现下降趋势,在气味浓度最高时达到最低值,当给定声音为鸟鸣声时,其主观响度评价结果如图 4-8（b）所示,在气味浓度最高时,低音量声音的主观响度均值比无气味时降低了 0.30,中音

量声音的主观响度比无气味时降低了 0.42,高音量声音的主观响度降低了
0.28。当给定声音为交谈声时,其主观响度评价结果如图 4-8(d)所示,在气味
浓度为最高时,低音量声音的主观响度均值比无气味时平均下降了 0.35,中音
量声音的主观响度平均下降了 0.38,高音量声音的主观响度平均下降了 0.40。
当给定声音为交通声时,其主观响度评价结果如图 4-8(f)所示,在气味浓度最
高时,低音量声音的主观响度均值比无气味时降低了 0.25,中音量声音的主观
响度比无气味时降低了 0.28,高音量声音的主观响度降低了 0.39。

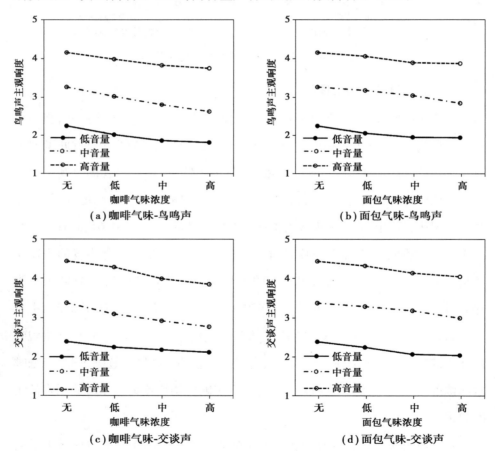

（a）咖啡气味-鸟鸣声　　　　　　　（b）面包气味-鸟鸣声

（c）咖啡气味-交谈声　　　　　　　（d）面包气味-交谈声

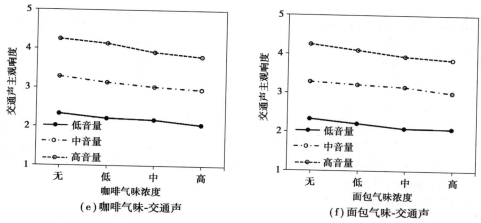

图 4-8　食物气味影响下的主观响度

3）嗅听交互作用下的主观响度分析

为比较气味影响下主观响度的差异,采用多因素方差分析,统计结果见表 4-12。声音种类、音量、种类、浓度 4 种因素对主观响度的影响均达到显著水平（$p=0.000<0.01$）,声音种类与气味种类、音量与气味种类、音量与浓度的交互效果均达到显著水平（$p<0.05$）,即嗅觉因素会影响主观响度的评价。

表 4-12　主观响度的多因素方差分析

源	Ⅲ 型平方和	df	均方	F	Sig.
声音	60.575	2	30.288	93.116	**.000**
音量	4 368.064	2	2 184.032	6 714.561	**.000**
气味	14.385	3	4.795	14.742	**.000**
浓度	38.001	2	19.000	58.414	**.000**
声音 * 音量	9.823	4	2.456	7.550	**.000**
声音 * 气味	11.334	6	1.889	5.808	**.000**
声音 * 浓度	.711	4	.178	.547	.702
音量 * 气味	7.132	6	1.189	3.654	**.001**
音量 * 浓度	3.373	4	.843	2.593	**.035**
气味 * 浓度	1.166	6	.194	.598	.733

续表

源	III型平方和	df	均方	F	Sig.
声音 * 音量 * 气味	6.847	12	.571	1.754	.051
声音 * 音量 * 浓度	.680	8	.085	.261	.978
声音 * 气味 * 浓度	1.669	12	.139	.428	.953
音量 * 气味 * 浓度	2.314	12	.193	.593	.850
声音 * 音量 * 气味 * 浓度	1.334	24	.056	.171	1.000

注:其中加粗表示显著性水平 $p<0.05$。

将无统计学意义的因素去除后对模型进行简化,将具有交互作用的因素进行单纯主要效果检验。对于声音种类而言,其与气味种类交互作用下主观响度均值的多重比较见表4-13。对于鸟鸣声而言,气味种类分为两个同质子集,4 种气味为一个子集,无气味情况为一个子集,4 种气味对其主观响度的影响无显著差异,咖啡气味对鸟鸣声主观响度降低程度最明显,面包气味的降低程度最弱;对于交谈声而言,气味种类分为 3 个同质子集,分别为食物气味,植物气味与面包气味,以及植物气味与无气味,主观响度均值显示食物气味对主观响度的降低程度强于植物气味;对于交通声而言,4 种气味对其主观响度的影响不存在显著差异,桂花气味与无气味情况对其主观响度的影响同样不存在显著差异,食物气味对主观响度的降低程度强于植物气味。

音量与气味种类、浓度均存在交互作用,音量与气味种类交互作用下主观响度均值的多重比较见表4-14。对于低音量声音而言,3 个同质子集分别为桂花、面包、咖啡,桂花、丁香花,以及无味情况,食物气味对低音量声音主观响度的降低程度大于植物气味;对于中音量声音而言,3 个同质子集为咖啡,桂花、丁香花、面包,以及无味情况,咖啡气味对中音量声音主观响度的降低程度最明显,植物气味其次,面包气味的降低效果最弱;对于高音量声音而言,同样存在着食物气味对主观响度的降低程度比植物气味更明显的趋势,桂花气味的降低效果最弱。

表 4-13　声音种类与气味种类交互作用下主观响度均值的多重比较

声音	气味	alpha＝0.05 的子集		
		1	2	3
鸟鸣	咖啡	2.815		
	桂花	2.848		
	丁香花	2.884		
	面包	2.946		
	无		3.199	
	显著性	.347	1.000	
交谈	咖啡	2.935		
	面包	3.036	3.036	
	桂花		3.173	3.173
	丁香花		3.185	3.185
	无			3.307
	显著性	.604	.207	.311
交通	咖啡	3.051		
	面包	3.078		
	丁香花	3.110		
	桂花	3.176	3.176	
	无		3.307	
	显著性	.356	.307	

表 4-14 音量与气味种类交互作用下主观响度均值的多重比较

声音	气味	alpha=0.05 的子集		
		1	2	3
低	面包	2.033		
	咖啡	2.036		
	桂花	2.125	2.125	
	丁香花		2.170	
	无			2.289
	显著性	.151	.811	1.000
中	咖啡	2.875		
	桂花		2.997	
	丁香花		3.024	
	面包		3.054	
	无			3.274
	显著性	1.000	.689	1.000
高	咖啡	3.890		
	面包	3.973	3.973	
	丁香花	3.985	3.985	
	桂花		4.074	
	无			4.250
	显著性	.162	.117	1.000

音量与浓度交互作用下主观响度的多重比较见表 4-15,对于低音量声音而言,浓度分为 3 个同质子集,分别为高浓度与中浓度、低浓度、无气味情况,高浓度与中浓度条件下的主观响度无显著差异,它们与低浓度与无气味情况均存在显著差异,并且结果显示,浓度越高,主观响度的下降程度越明显;对于中音量与高音量声音而言,4 种浓度情况均分为 4 个同质子集,其都存在着浓度越高,声音的主观响度下降程度越明显的趋势。

表 4-15　音量与浓度交互作用下主观响度均值的多重比较

声音	浓度	alpha=0.05 的子集			
		1	2	3	4
低	高	2.046			
	中	2.080			
	低		2.179		
	无			2.289	
	显著性	.780	1.000	1.000	
中	高	2.896			
	中		2.995		
	低			3.115	
	无				3.274
	显著性	1.000	1.000	1.000	1.000
高	高	3.867			
	中		3.986		
	低			4.147	
	无				4.250
	显著性	1.000	1.000	1.000	1.000

　　对于气味种类因素而言,其与声音种类、音量均存在交互作用,气味种类与声音种类交互作用下主观响度均值的多重比较见表 4-16,当不存在气味时,不同声音的主观响度不存在显著差异,鸟鸣声的主观响度最低,交通声的主观响度居中,交谈声的主观响度最高;对于两种植物气味而言,声音种类均分为两个同质子集,鸟鸣声的主观响度最低,交谈声与交通声无显著差异;对于咖啡气味而言,声音种类分为两个同质子集,鸟鸣声与交通声的主观响度不存在显著差异,交通声与交谈声的主观响度不存在显著差异,鸟鸣声的主观响度最低,交通声的主观响度居中,交谈声的主观响度最高;对于面包气味而言,不同声音类型的主观响度不存在显著差异,其同样为鸟鸣声的主观响度最低,交通声的主观响度居中,交谈声的主观响度最高。

表 4-16　气味种类与声音种类交互作用下主观响度均值的多重比较

气味	声音	alpha=0.05 的子集	
		1	2
无	鸟鸣	3.199	
	交通	3.307	
	交谈	3.307	
	显著性	.223	
丁香花	鸟鸣	2.884	
	交通		3.110
	交谈		3.185
	显著性	1.000	.443
桂花	鸟鸣	2.848	
	交通		3.173
	交谈		3.176
	显著性	1.000	.999
咖啡	鸟鸣	2.815	
	交通	2.935	2.935
	交谈		3.051
	显著性	.148	.162
面包	鸟鸣	2.946	
	交通	3.036	
	交谈	3.078	
	显著性	.099	

　　气味种类与音量交互作用下主观响度均值的多重比较见表4-17,对于所有气味种类的情况而言,3种音量均分为3个同质子集,声音的低、中、高音量彼此间均存在着显著差异,所有情况均存在着随着音量的升高,主观响度依次提高的趋势,这说明了气味种类不足以改变由音量自身造成的主观响度呈梯度化的评价趋势。

表 4-17 气味种类与音量交互作用下主观响度均值的多重比较

气味	音量	alpha=0.05 的子集		
		1	2	3
无	低	2.289		
	中		3.274	
	高			4.250
	显著性	1.000	1.000	1.000
丁香花	低	2.170		
	中		3.024	
	高			3.985
	显著性	1.000	1.000	1.000
桂花	低	2.125		
	中		2.997	
	高			4.074
	显著性	1.000	1.000	1.000
咖啡	低	2.036		
	中		2.875	
	高			3.890
	显著性	1.000	1.000	1.000
面包	低	2.033		
	中		3.054	
	高			3.973
	显著性	1.000	1.000	1.000

　　浓度与音量存在交互作用,主观响度均值的多重比较见表 4-18,所有浓度情况下,音量均分为 3 个同质子集,低、中、高音量彼此间均存在着显著差异,所有情况均存在随着音量的升高,主观响度依次提高的趋势,这说明了浓度同样不足以改变由音量自身造成的主观响度呈梯度化的评价趋势。

表 4-18　浓度与音量交互作用下主观响度均值的多重比较

浓度	音量	alpha=0.05 的子集		
		1	2	3
无	低	2.289		
	中		3.274	
	高			4.250
	显著性	1.000	1.000	1.000
低	低	2.179		
	中		3.115	
	高			4.147
	显著性	1.000	1.000	1.000
中	低	2.080		
	中		2.995	
	高			3.986
	显著性	1.000	1.000	1.000
高	低	2.046		
	中		2.896	
	高			3.867
	显著性	1.000	1.000	1.000

4.2　听觉因素对气味感知的影响

　　本节以自然声、人为声、人工声(鸟鸣声、交谈声、交通声)作为听觉影响因素，具体分析在不同种类以及音量声音的刺激下，气味感知的表现规律，即植物气味与食物气味的气味舒适度、气味喜好度、气味熟悉度以及主观浓度的评价变化。

4.2.1　听觉因素对气味舒适度的影响

1）自然声对气味舒适度的影响

如图 4-9 所示为鸟鸣声影响下的气味舒适度,当被试只给定气味刺激时,气味舒适度为 3 ~ 4,植物气味的舒适度在浓度适中时最高,低浓度次之,高浓度的气味舒适度最低;食物气味的舒适度随着浓度升高而升高。对于植物气味而言,鸟鸣声对丁香花气味舒适度的影响如图 4-9(a)所示,随着鸟鸣声的引入以及音量升高,中浓度气味的舒适度逐渐下降,其均值在音量最高时达到最低,与无声音情况相比下降了 0.15;低浓度与高浓度的气味舒适度先升高再降低,当鸟鸣声为低音量时气味舒适度最高,而高音量时气味舒适度最低且低于无声情况,但总体变化并不明显。鸟鸣声对桂花气味舒适度的影响如图 4-9(b)所示,其趋势与丁香花气味相类似,中浓度气味的舒适度均值最多下降了 0.22;低浓度时的气味舒适度几乎不变,高浓度时的气味舒适度在鸟鸣声音量最大时比无声情况下降了 0.15。

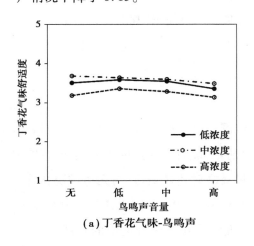

（a）丁香花气味-鸟鸣声

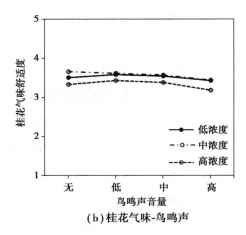

（b）桂花气味-鸟鸣声

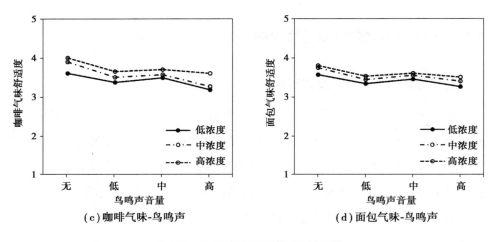

（c）咖啡气味-鸟鸣声　　　　　　　　　（d）面包气味-鸟鸣声

图 4-9　自然声影响下的气味舒适度

对于食物气味而言，两者均存在着有声音时的气味舒适度低于无声情况的。鸟鸣声对咖啡气味舒适度的影响如图 4-9（c）所示，随着鸟鸣声的引入以及音量的升高，气味舒适度先下降再升高，当声音音量最大时再次下降，高音量声音对气味舒适度的降低效果最大，中音量声音的降低效果最小，当声音音量最高时，低、中、高浓度的气味舒适度均值与无声情况相比分别下降了 0.42、0.63、0.40。鸟鸣声对面包气味舒适度的影响如图 4-9（d）所示，其趋势与咖啡气味类似，当声音音量最高时，低、中、高浓度的气味舒适度均值比无声情况分别下降了 0.31、0.35、0.30。

2）人为声对气味舒适度的影响

如图 4-10 所示为交谈声影响下的气味舒适度。对于植物气味而言，交谈声对丁香花气味舒适度的影响如图 4-10（a）所示，随着交谈声的引入及音量的升高，气味舒适度均值逐步降低，在声音音量最高时达到最低，与无声情况相比，低、中、高浓度的气味舒适度分别下降了 0.31、0.46、0.20，即交谈声对中浓度丁香花气味的舒适度降低幅度最大，对高浓度丁香花气味舒适度的降低程度最小。交谈声对桂花气味舒适度的影响如图 4-10（b）所示，其趋势与丁香花气味情况类似，在声音音量最高时，低、中、高浓度的桂花气味舒适度比无声情况分别下降了 0.23、0.33、0.25。

食物气味同样存在着有声音时的气味舒适度低于无声情况的。交谈声对咖啡气味舒适度的影响如图 4-10(c)所示,随着交谈声的引入以及音量的提高,气味舒适度逐渐下降,当交谈声音量最大时达到最低值,此时低、中、高浓度的气味舒适度均值与无声情况相比分别下降了 0.62、0.65、0.73。交谈声对面包气味舒适度的影响如图 4-10(d)所示,气味舒适度先降再升,当音量最大时再次下降,高音量声音的气味舒适度降低效果最大,中音量声音的降低效果最小,当交谈声的音量最高时,低、中、高浓度的气味舒适度均值与无声情况相比分别下降了 0.35、0.52、0.50。

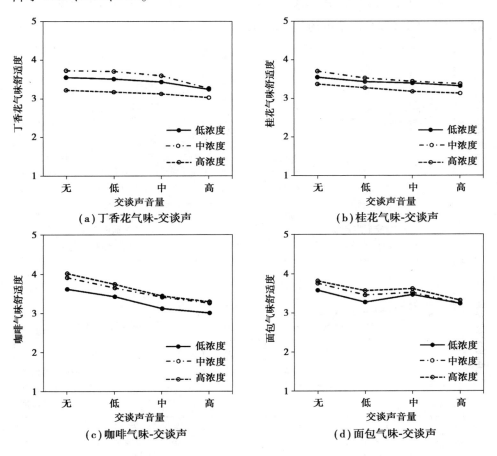

图 4-10　人为声影响下的气味舒适度

3）人工声对气味舒适度的影响

如图 4-11 所示为交通声影响下的气味舒适度。对于植物气味而言，交通声对丁香花气味舒适度的影响如图 4-11（a）所示，随着交通声的引入以及音量的提高，气味舒适度均逐渐下降，在音量最高时达到最低值，与无声音时的情况相比，低浓度的气味舒适度下降了 0.50，中浓度的气味舒适度下降了 0.44，高浓度的气味舒适度下降了 0.30。交通声对桂花气味舒适度的影响如图 4-11（b）所示，其存在着气味舒适度随着音量升高而逐渐下降的趋势，在交通声音量最高时，与无声音时的情况相比，低浓度的气味舒适度下降了 0.19，中浓度的气味舒适度下降了 0.24，高浓度的气味舒适度下降了 0.23。

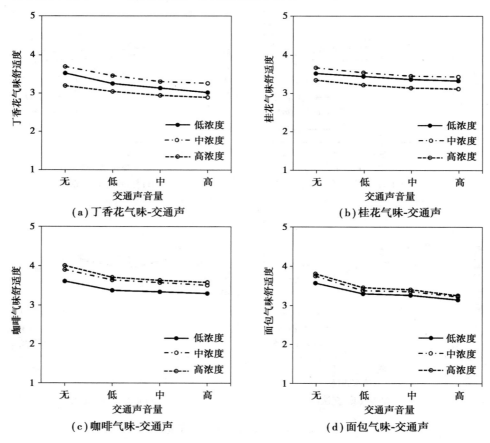

图 4-11　人工声影响下的气味舒适度

对于食物气味而言,同样存在着有声音时的气味舒适度低于无声情况的。交通声对咖啡气味舒适度的影响如图 4-11(c)所示,随着交通声的引入以及音量升高,气味舒适度逐渐下降,当音量最大时达到最低值,低、中、高浓度的气味舒适度均值与无声情况相比分别下降了 0.31、0.39、0.43。交通声对面包气味舒适度的影响如图 4-11(d)所示,其趋势与咖啡气味类似,音量最高时,低、中、高浓度的气味舒适度均值与无声情况相比分别下降了 0.42、0.52、0.55。

4)嗅听交互作用下的气味舒适度分析

为比较声音影响下气味舒适度的差异,采用多因素方差分析,得到的结果见表 4-19。结果显示,声音种类、音量、气味种类、浓度对气味舒适度的影响均达到显著水平($p = 0.000 < 0.01$),声音种类与气味种类、气味种类与浓度对气味舒适度的交互效果均达到显著水平($p = 0.000 < 0.01$),表明听觉因素会对气味舒适度评价产生影响。

表 4-19　气味舒适度的多因素方差分析

源	Ⅲ型平方和	df	均方	F	$Sig.$
声音	22.648	2	11.324	19.668	**.000**
音量	34.036	2	17.018	29.559	**.000**
气味	25.543	3	8.514	14.789	**.000**
浓度	24.506	2	12.253	21.282	**.000**
声音 * 音量	4.380	4	1.095	1.902	.107
声音 * 气味	19.434	6	3.239	5.626	**.000**
声音 * 浓度	1.652	4	.413	.717	.580
音量 * 气味	4.335	6	.722	1.255	.275
音量 * 浓度	.256	4	.064	.111	.979
气味 * 浓度	71.971	6	11.995	20.834	**.000**
声音 * 音量 * 气味	6.253	12	.521	.905	.541
声音 * 音量 * 浓度	.453	8	.057	.098	.999
声音 * 气味 * 浓度	1.546	12	.129	.224	.997

续表

源	Ⅲ型平方和	df	均方	F	Sig.
音量 * 气味 * 浓度	.644	12	.054	.093	1.000
声音 * 音量 * 气味 * 浓度	2.266	24	.094	.164	1.000

注:其中加粗表示显著性水平 $p<0.05$。

音量因素自身会显著影响气味舒适度,但音量与其他因素不存在交互作用,不同情况下的气味舒适度均值的多重比较结果见表4-20,结果显示音量分为3个同质子集,中音量与低音量声音为一个子集,其两者对气味舒适度的影响不存在显著差异,高音量与无声情况各自成为一个子集。此外结果还显示,声音的引入会降低气味的舒适度,并且音量越大,气味舒适度的降低程度越明显。

表4-20 音量因素影响下气味舒适度均值的多重比较

音量	alpha=0.05 的子集		
	1	2	3
高	3.259		
中		3.394	
低		3.443	
无			3.623
显著性	1.000	.435	1.000

将无统计学意义的因素去除后对模型进行简化,将具有交互作用的因素进行单纯主要效果检验。对于声音种类而言,其与气味种类存在交互作用,两者影响下的气味舒适度均值的多重比较结果见表4-21。对于无声情况而言,气味种类分为3个同质子集,植物气味间不存在显著差异,面包气味与桂花气味不存在显著差异,食物气味之间无显著差异,植物气味的舒适度低于食物气味的舒适度;对于交通声情况而言,气味种类分为3个同质子集,面包、桂花气味不

存在显著差异,咖啡的气味舒适度最高,丁香花的气味舒适度最低;对于鸟鸣声与交谈声情况而言,不同种类的气味舒适度之间不存在显著差异。

表4-21　声音种类与气味种类交互作用下气味舒适度均值的多重比较

声音	气味	alpha＝0.05 的子集		
		1	2	3
无	丁香花	3.455		
	桂花	3.500	3.500	
	面包		3.696	3.696
	咖啡			3.839
	显著性	.956	.101	.348
交通声	丁香花	3.137		
	面包		3.289	
	桂花		3.321	
	咖啡			3.512
	显著性	1.000	.922	1.000
鸟鸣声	丁香花	3.435		
	面包	3.438		
	桂花	3.455		
	咖啡	3.476		
	显著性	.879		
交谈声	桂花	3.292		
	丁香花	3.295		
	咖啡	3.357		
	面包	3.378		
	显著性	.366		

气味种类与声音种类交互作用下的气味舒适度均值的多重比较见表4-22,对于丁香花气味而言,声音种类分为两个同质子集,无声情况、鸟鸣声、交谈声

无显著差异,交通声与交谈声无显著差异,交通声与交谈声对丁香花气味舒适度的降低程度最大;对于桂花气味而言,声音种类同样分为两个同质子集,无声音情况与鸟鸣声不存在显著差异,3 种声音对桂花气味舒适度的影响效果相同;对于咖啡气味而言,声音种类分为两个同质子集,3 种声音对其气味舒适度的降低程度不存在显著差异;对于面包气味而言,声音种类分为 3 个同质子集,交通声与交谈声无显著差异,交谈声与鸟鸣声无显著差异,交通声与交谈声对面包气味舒适度的降低效果最明显。

表 4-22 气味种类与声音种类交互因素影响下气味舒适度均值的多重比较

气味	声音	alpha＝0.05 的子集		
		1	2	3
丁香花	交通	3.137		
	交谈	3.295	3.295	
	鸟鸣		3.435	
	无		3.455	
	显著性	.067	.059	
桂花	交谈	3.292		
	交通	3.321		
	鸟鸣	3.455	3.455	
	无		3.500	
	显著性	.061	.908	
咖啡	交谈	3.357		
	鸟鸣	3.476		
	交通	3.512		
	无		3.839	
	显著性	.125	1.000	

续表

气味	声音	alpha＝0.05 的子集		
		1	2	3
面包	交通	3.289		
	交谈	3.378	3.378	
	鸟鸣		3.438	
	无			3.696
	显著性	.418	.739	1.000

4.2.2　听觉因素对气味喜好度的影响

1）自然声对气味喜好度的影响

如图 4-12 所示为鸟鸣声影响下的气味喜好度，植物气味喜好度在适中浓度时最高，高浓度时最低；食物气味的喜好度随着浓度升高而提高。鸟鸣声对丁香花气味喜好度的影响如图 4-12（a）所示，随着声音音量的升高，中浓度气味的喜好度逐渐下降，其均值在音量最高时达到最低，并比无声情况下降了 0.33；低浓度的气味喜好度先升再降，在低音量时达到最高；高浓度的气味喜好度几乎不改变。鸟鸣声对桂花气味喜好度的影响如图 4-12（b）所示，低、中音量对气味喜好度的影响不明显；高音量的影响较大，当音量最高时，高浓度的气味喜好度比无声情况下降了 0.23。

对于食物气味而言，声音的存在会降低气味喜好度。鸟鸣声对咖啡气味喜好度的影响如图 4-12（c）所示，随着鸟鸣声的引入及音量升高，气味喜好度呈现折线变化趋势，与无声情况相比，高音量声音的气味喜好度降低效果最大，中音量声音的气味喜好度降低效果最小，音量最高时低、中、高浓度的气味喜好度均值与无声情况相比分别下降了 0.27、0.54、0.35。鸟鸣声对面包气味喜好度的影响如图 4-12（d）所示，当音量最高时，低、中、高浓度的气味喜好度均值与无声情况相比分别下降了 0.31、0.50、0.48。

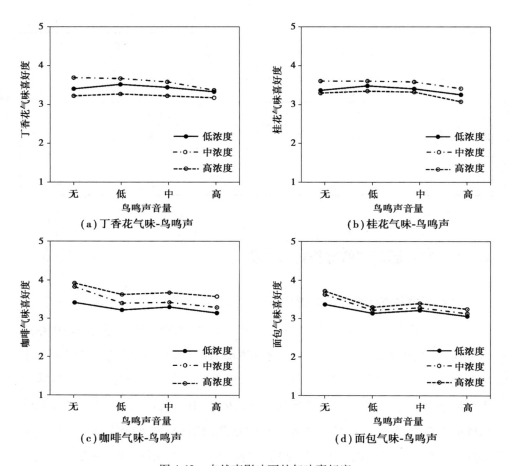

图 4-12　自然声影响下的气味喜好度

2）人为声对气味喜好度的影响

如图 4-13 所示为交谈声影响下的气味喜好度。对于植物气味而言,交谈声对丁香花气味喜好度的影响如图 4-13（a）所示,随着音量升高,中、高浓度气味的喜好度逐渐下降,当音量最高时,其均值与无声情况相比分别下降了 0.30 和 0.25,低浓度时则几乎不变。交谈声对桂花气味喜好度的影响如图 4-13（b）所示,其随着音量升高而下降,音量最高时的低、中、高浓度气味喜好度比无声情况分别下降了 0.23、0.22、0.27。

对于食物气味而言,随着音量升高,气味喜好度均逐渐降低。交谈声对咖啡气味喜好度的影响如图 4-13(c)所示,随着音量升高,中、高浓度的气味喜好度降低程度较大,其气味喜好度在音量最高时与无声情况相比分别下降了0.80、0.78。交谈声对面包气味喜好度的影响如图 4-13(d)所示,气味喜好度下降趋势均匀,音量最高时,低、中、高浓度的气味喜好度比无声情况下降了0.31、0.50、0.50。

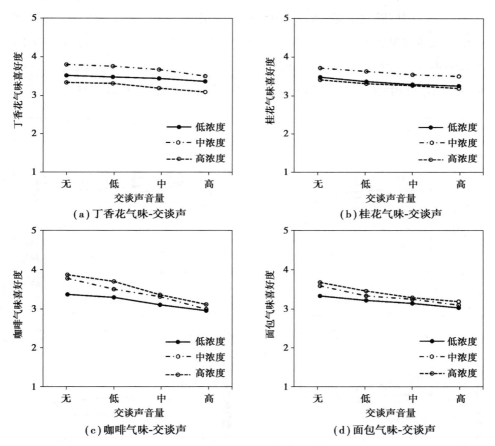

图 4-13 人为声影响下的气味喜好度

3)人工声对气味喜好度的影响

如图 4-14 所示为交通声影响下的气味喜好度。对于植物气味而言,交通声对丁香花气味喜好度的影响如图 4-14(a)所示,气味喜好度随着音量升高逐渐下降,在音量最高时,低、中、高浓度气味的喜好度比无声情况分别下降了0.35、

0.52、0.43。交通声对桂花气味喜好度的影响如图4-14(b)所示,随着音量升高,其值均下降,低、中、高浓度气味的喜好度在音量最高时比无声情况分别下降了0.19、0.26、0.35。

　　对于食物气味而言,交通声对咖啡气味喜好度的影响如图4-14(c)所示,随着交通声的引入以及音量升高,低浓度的气味喜好度几乎不变,中浓度与高浓度的气味喜好度随之下降,当音量最高时达到最低值,中、高浓度的气味喜好度均值与无声情况相比分别下降了0.37与0.40。交通声对面包气味喜好度的影响如图4-14(d)所示,3种浓度情况下,其值随着音量升高而逐渐下降,高音量时,低、中、高浓度的气味喜好度均值与无声情况相比分别下降了0.50、0.59、0.58。

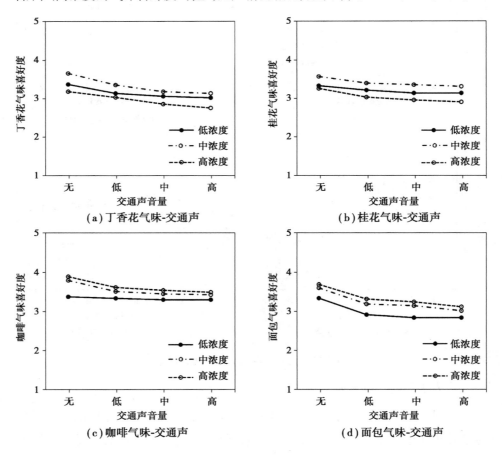

图4-14　人工声影响下的气味喜好度

4）嗅听交互作用下的气味喜好度分析

为比较声音影响下气味喜好度的差异，采用多因素方差分析，结果见表 4-23。声音种类、音量、气味种类、浓度 4 种因素对气味喜好度的影响均达到显著水平（$p=0.000<0.01$），声音种类与气味种类、气味种类与浓度的交互效果同样均达到显著水平（$p=0.000<0.01$），即听觉因素会影响气味喜好度评价。

表 4-23　气味喜好度的多因素方差分析

源	Ⅲ型平方和	df	均方	F	$Sig.$
声音	17.332	2	8.666	14.803	**.000**
音量	31.485	2	15.742	26.890	**.000**
气味	28.775	3	9.592	16.384	**.000**
浓度	36.133	2	18.067	30.861	**.000**
声音 * 音量	5.280	4	1.320	2.255	.061
声音 * 气味	28.398	6	4.733	8.085	**.000**
声音 * 浓度	1.583	4	.396	.676	.609
音量 * 气味	1.100	6	.183	.313	.930
音量 * 浓度	.840	4	.210	.359	.838
气味 * 浓度	79.720	6	13.287	22.696	**.000**
声音 * 音量 * 气味	7.816	12	.651	1.113	.344
声音 * 音量 * 浓度	.809	8	.101	.173	.995
声音 * 气味 * 浓度	4.350	12	.363	.619	.828
音量 * 气味 * 浓度	.643	12	.054	.092	1.000
声音 * 音量 * 气味 * 浓度	1.213	24	.051	.086	1.000

注：其中加粗表示显著性水平 $p<0.05$。

音量与其他因素不存在交互作用，不同音量下气味喜好度均值的多重比较结果见表 4-24，音量分为 3 个同质子集，中音量与低音量声音对气味喜好度的影响不存在显著差异。气味喜好度会随着音量的增加而降低，高音量声音对气味喜好度的降低程度最明显。

表 4-24　音量因素影响下气味喜好度均值的多重比较

音量	alpha＝0.05 的子集		
	1	2	3
高	3.174		
中		3.290	
低		3.361	
无			3.545
显著性	1.000	.125	1.000

将无统计学意义的因素去除后对模型进行简化,将具有交互作用的因素进行单纯主要效果检验。对于声音种类而言,其与气味种类存在交互作用,气味喜好度均值的多重比较见表 4-25;对于无声情况而言,气味种类分为两个同质子集,植物气味喜好度低于食物气味喜好度;对于交通声而言,丁香花、面包、桂花气味之间不存在显著差异,咖啡气味喜好度高于前三者;对于鸟鸣声而言,桂花、丁香花与咖啡气味不存在显著差异,此时面包气味的喜好度最低;对于交谈声而言,不同种类气味的气味喜好度不存在显著差异。

表 4-25　声音种类与气味种类交互作用下气味喜好度均值的多重比较

声音	气味	alpha＝0.05 的子集	
		1	2
无	桂花	3.420	
	丁香花	3.438	
	面包	3.580	3.580
	咖啡		3.741
	显著性	.316	.316

续表

声音	气味	alpha=0.05 的子集	
		1	2
交通声	丁香花	3.083	
	面包	3.104	
	桂花	3.188	
	咖啡		3.467
	显著性	.183	1.000
鸟鸣声	面包	3.208	
	桂花		3.375
	丁香花		3.381
	咖啡		3.399
	显著性	1.000	.972
交谈声	面包	3.247	
	桂花	3.256	
	咖啡	3.292	
	丁香花	3.301	
	显著性	.767	

　　气味种类与声音种类交互作用下的气味喜好度均值的多重比较见表 4-26，对于丁香花气味而言，无声情况、鸟鸣声、交谈声之间无显著差异，交通声对丁香花气味喜好度的降低程度最大；对于桂花气味而言，交通声与交谈声不存在显著差异，交谈声与鸟鸣声不存在显著差异，交通声与交谈声对桂花气味喜好度的降低程度最大；对于食物气味而言，3 种声音对气味喜好度的降低程度不存在显著差异。

表 4-26　气味种类与声音种类交互因素影响下气味喜好度均值的多重比较

气味	声音	alpha＝0.05 的子集	
		1	2
丁香花	交通	3.083	
	交谈		3.301
	鸟鸣		3.381
	无		3.438
	显著性	1.000	.133
桂花	交通	3.188	
	交谈	3.256	3.256
	鸟鸣		3.375
	无		3.420
	显著性	.738	.065
咖啡	交谈	3.292	
	鸟鸣	3.399	
	交通	3.467	
	无		3.741
	显著性	.052	1.000
面包	交通	3.104	
	鸟鸣	3.208	
	交谈	3.247	
	无		3.580
	显著性	.107	1.000

4.2.3　听觉因素对气味熟悉度的影响

1）自然声对气味熟悉度的影响

如图 4-15 所示为鸟鸣声影响下的气味熟悉度，当被试只给定气味刺激时，气味的熟悉度均在 4 左右,对于植物气味而言,气味浓度越高其熟悉度依次增加;对于食物气味而言,其熟悉度与植物气味的变化趋势相同,不同浓度气味之间的差异更明显。鸟鸣声对丁香花气味熟悉度的影响如图 4-15(a)所示,随着鸟鸣声的引入及音量的提高,气味熟悉度几乎不变,3 种浓度的气味熟悉度变化趋势基本重合。鸟鸣声对桂花气味熟悉度的影响如图 4-15(b)所示,3 种浓度的气味熟悉度均无明显变化。

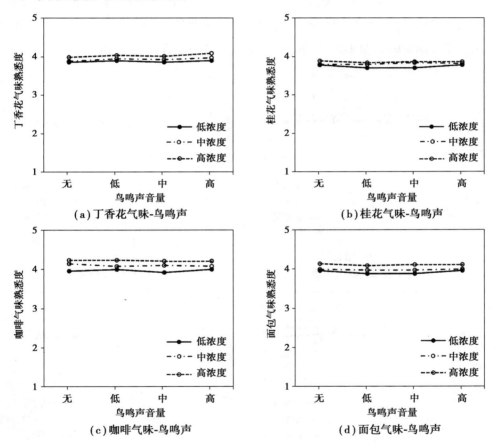

图 4-15　自然声影响下的气味熟悉度

对于食物气味而言,气味熟悉度的变化趋势与植物气味类似。鸟鸣声对咖啡气味熟悉度的影响如图 4-15(c)所示,随着鸟鸣声的引入以及音量的提高,咖啡气味熟悉度几乎不变,在不同音量鸟鸣声的影响下均存在高浓度的气味熟悉度最高,中浓度的气味熟悉度居中,低浓度的气味熟悉度最低的趋势。鸟鸣声对面包气味熟悉度的影响如图 4-15(d)所示,其变化趋势与咖啡气味类似,气味熟悉度基本无变化。

2)人为声对气味熟悉度的影响

如图 4-16 所示为交谈声影响下的气味熟悉度。对于植物气味而言,交谈声对丁香花气味熟悉度的影响如图 4-16(a)所示,随着交谈声的引入以及音量的提高,气味熟悉度几乎不变,低、中浓度的变化趋势几乎重合。交谈声对桂花气味熟悉度的影响如图 4-16(b)所示,其变化趋势与丁香花气味相似。

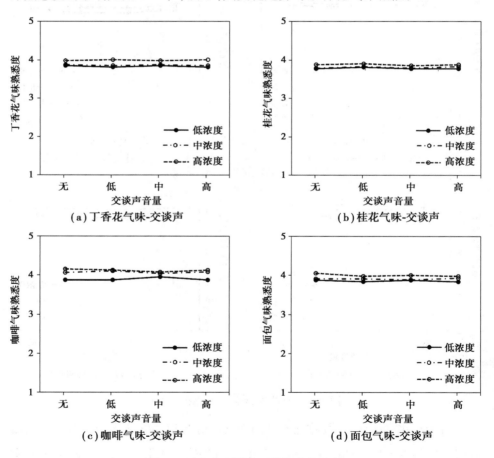

图 4-16 人为声影响下的气味熟悉度

对于食物气味而言,交谈声对咖啡气味熟悉度的影响如图4-16(c)所示,随着交谈声的引入以及音量的提高,气味熟悉度几乎不变,中浓度与高浓度的趋势基本重合,其气味熟悉度均大于低浓度的气味熟悉度。交谈声对面包气味熟悉度的影响如图4-16(d)所示,气味熟悉度基本无变化。

3)人工声对气味熟悉度的影响

如图4-17所示为交通声影响下的气味熟悉度。对于植物气味而言,交通声对丁香花气味熟悉度的影响如图4-17(a)所示,随着交通声的引入及音量的提高,气味熟悉度几乎不变,3种浓度的气味熟悉度变化趋势基本重合。交通声对桂花气味熟悉度的影响如图4-17(b)所示,3种浓度的气味熟悉度均无明显变化。

对于食物气味而言,交通声对咖啡气味熟悉度的影响如图4-17(c)所示,随着交通声的引入及音量升高,气味熟悉度几乎不变。交通声对面包气味熟悉度的影响如图4-17(d)所示,其趋势与咖啡气味类似。

4)嗅听交互作用下的气味熟悉度分析

为比较声音影响下气味熟悉度的差异,采用多因素方差分析,结果见表4-27。气味种类与浓度的主要效果达到显著水平($p=0.001<0.01$),气味种类、声音种类、浓度、音量4种因素间不存在交互作用($p>0.05$),即听觉因素对气味熟悉度的影响并不显著。

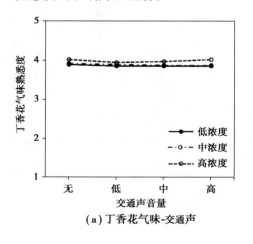

(a)丁香花气味-交通声

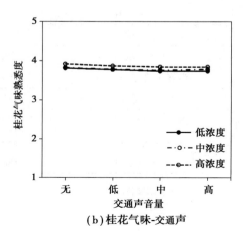

(b)桂花气味-交通声

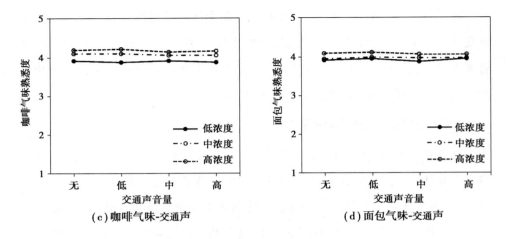

（c）咖啡气味-交通声   （d）面包气味-交通声

图 4-17　人工声影响下的气味熟悉度

表 4-27　气味熟悉度的多因素方差分析

源	Ⅲ型平方和	df	均方	F	Sig.
声音	.598	2	.299	.684	.505
音量	.250	2	.125	.286	.751
气味	57.839	3	19.280	44.117	**.000**
浓度	24.962	2	12.481	28.559	**.000**
声音＊音量	.314	4	.079	.180	.949
声音＊气味	3.379	6	.563	1.289	.259
声音＊浓度	.164	4	.041	.094	.984
音量＊气味	.120	6	.020	.046	1.000
音量＊浓度	.027	4	.007	.015	1.000
气味＊浓度	3.262	6	.544	1.244	.280
声音＊音量＊气味	.459	12	.038	.087	1.000
声音＊音量＊浓度	.473	8	.059	.135	.998
声音＊气味＊浓度	.972	12	.081	.185	.999
音量＊气味＊浓度	.383	12	.032	.073	1.000
声音＊音量＊气味＊浓度	.558	24	.023	.053	1.000

注：其中加粗表示显著性水平 $p<0.05$。

4.2.4　听觉因素对主观浓度的影响

1）自然声对主观浓度的影响

如图 4-18 所示为自然声影响下的主观浓度,通过比较可知,当被试只给定气味刺激,植物气味与食物气味的浓度为低、中、高时,两者对应的主观浓度均值十分接近。对于植物气味而言,鸟鸣声对丁香花气味主观浓度的影响如图 4-18(a)所示,随着鸟鸣声的引入以及音量的提高,主观浓度值均呈现下降趋势,在鸟鸣声音量为最高时达到最低,此时低、中、高浓度的主观浓度比无声情况分别降低了 0.46、0.59、0.73,越高的音量对主观浓度的降低程度越明显。鸟鸣声对桂花气味主观浓度的影响如图 4-18(b)所示,与丁香花气味类似,低、中、高浓度的主观评价值同样呈现下降趋势,在音量最大时达到最低,比无声情况分别降低了 0.49、0.63、0.83。

对于食物气味而言,鸟鸣声对咖啡气味主观浓度的影响如图 4-18(c)所示,随着鸟鸣声的引入及音量升高,主观浓度逐步降低,在音量最高时达到最低,低、中、高浓度的主观浓度值比无声情况分别降低了 0.69、0.54、0.70。鸟鸣声对面包气味主观浓度的影响如图 4-18(d)所示,其趋势与咖啡气味类似,低、中、高浓度气味在音量最高时的主观浓度比无声情况分别降低了 0.39、0.41、0.68。

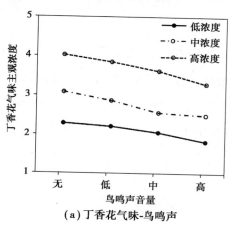

（a）丁香花气味-鸟鸣声

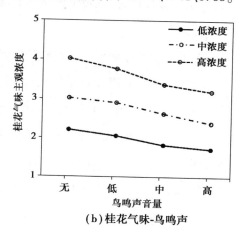

（b）桂花气味-鸟鸣声

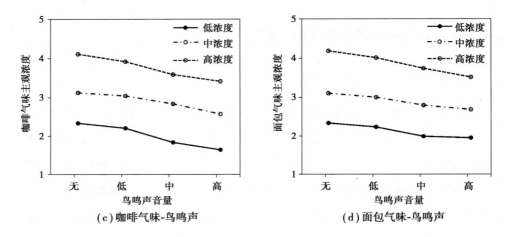

图 4-18　自然声影响下的主观浓度

2）人为声对主观浓度的影响

如图 4-19 所示为人为声影响下不同浓度气味的主观浓度,对于植物气味而言,交谈声对丁香花气味主观浓度的影响如图 4-19（a）所示,随着交谈声的引入以及音量的提高,低、中、高浓度的主观评价值均呈现下降趋势,在交谈声音量为最大时达到最低,其均值比无声情况分别降低了 0.50、0.76、0.90,声音的音量越高对主观浓度的降低程度越明显。交谈声对桂花气味主观浓度的影响如图 4-19（b）所示,与丁香花气味类似,低、中、高浓度的主观评价值同样呈现下降趋势,在音量最高时,主观浓度达到最低值,比无声情况分别降低了 0.47、0.40、0.58。

对于食物气味而言,交谈声对咖啡气味主观浓度的影响如图 4-19（c）所示,随着交谈声的引入以及音量的提高,主观浓度均逐步降低,在音量最高时达到最低值,低、中、高浓度时的主观浓度评价值比无声情况分别降低了 0.69、0.54、0.70。交谈声对面包气味主观浓度的影响如图 4-19（d）所示,其变化趋势与咖啡气味类似,在交谈声音量最高时,低、中、高浓度的主观浓度均值比无声情况分别降低了 0.39、0.41、0.68。

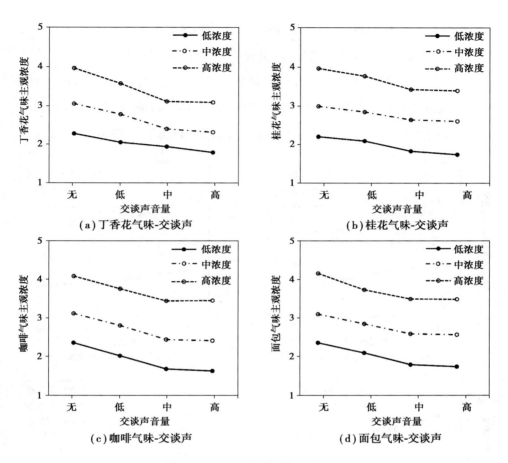

图 4-19　人为声影响下的主观浓度

3）人工声对主观浓度的影响

如图 4-20 所示为人工声影响下的主观浓度,对于植物气味而言,交通声对丁香花气味主观浓度的影响如图 4-20（a）所示,随着交通声的引入及音量升高,低、中、高浓度时的主观浓度评价值均下降,在音量最高时达到最低,比无声情况分别降低了 0.54、0.74、0.83,音量越高对主观浓度的降低程度越明显。交通声对桂花气味主观浓度的影响如图 4-20（b）所示,与丁香花气味类似,低、中、高浓度时的主观浓度评价值同样下降,其均值在音量最高时比无声情况分别降低了 0.38、0.46、0.61。

　　对于食物气味而言,交通声对咖啡气味主观浓度的影响如图 4-20(c)所示,随着交通声的引入以及音量的提高,主观浓度均逐步降低,在音量最高时达到最低值,低、中、高浓度时的主观评价值比无声情况分别降低了 0.60、0.48、0.56。交通声对面包气味主观浓度的影响如图 4-20(d)所示,在音量最高时,低、中、高浓度时的主观浓度评价值比无声情况分别降低了 0.39、0.42、0.53。

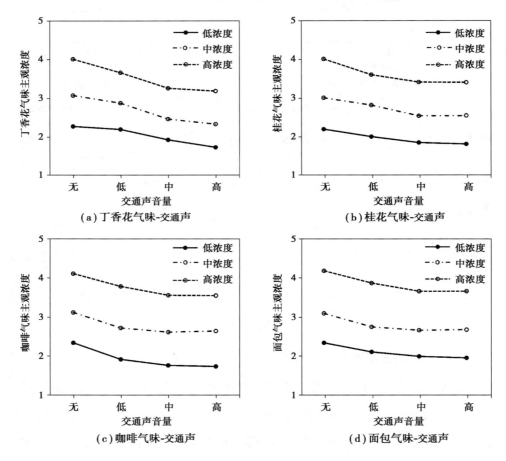

图 4-20　人工声影响下的主观浓度

4)嗅听交互作用下的主观浓度分析

　　为比较声音影响下主观浓度的差异,采用多因素方差分析,得到的结果见表 4-28。结果显示声音种类、音量、气味种类、浓度的主要效果均达到显著水平

（$p=0.000<0.01$），声音种类与气味种类间存在交互作用（$p=0.000<0.01$），即听觉因素会显著影响主观浓度。

表 4-28　主观浓度的多因素方差分析

源	Ⅲ 型平方和	df	均方	F	Sig.
声音	11.940	2	5.970	16.289	**.000**
音量	127.367	2	63.683	173.753	**.000**
气味	11.046	3	3.682	10.046	**.000**
浓度	2 442.025	2	1 221.013	3 331.413	**.000**
声音 * 音量	7.224	4	1.806	4.928	**.001**
声音 * 气味	11.596	6	1.933	5.273	**.000**
声音 * 浓度	.505	4	.126	.345	.848
音量 * 气味	3.878	6	.646	1.764	.102
音量 * 浓度	1.186	4	.296	.809	.519
气味 * 浓度	11.441	6	1.907	5.203	**.000**
声音 * 音量 * 气味	4.352	12	.363	.990	.456
声音 * 音量 * 浓度	.897	8	.112	.306	.964
声音 * 气味 * 浓度	5.485	12	.457	1.247	.244
音量 * 气味 * 浓度	1.817	12	.151	.413	.959
声音 * 音量 * 气味 * 浓度	3.465	24	.144	.394	.996

注：其中加粗表示显著性水平 $p<0.05$。

　　将无统计学意义的因素去除后对模型进行简化，将具有交互作用的因素进行单纯主要效果检验。对于声音种类而言，其与音量存在交互作用，主观浓度均值的多重比较见表 4-29，对于交通声而言，音量分为两个同质子集，高音量与中音量不存在显著差异，其与低音量存在显著差异，说明音量越高，气味的主观浓度越低；对于鸟鸣声而言，音量分为 3 个同质子集，高、中、低音量彼此间存在显著差异，同样为音量越高，气味的主观浓度越低；对于交谈声而言，音量分为两个同质子集，高音量与中音量情况不存在显著差异，其与低音量存在显著差异,并且音量越高,主观浓度越低。

表 4-29　声音种类与音量交互作用下主观浓度均值的多重比较

声音	音量	alpha=0.05 的子集		
		1	2	3
交通声	高	2.679		
	中	2.713		
	低		2.935	
	显著性	.774	1.000	
鸟鸣声	高	2.628		
	中		2.810	
	低			3.079
	显著性	1.000	1.000	1.000
交谈声	高	2.594		
	中	2.637		
	低		2.949	
	显著性	.685	1.000	

对于声音种类而言,其与气味种类存在交互作用,主观浓度均值的多重比较见表 4-30,无声情况的气味种类无显著差异。对于交通声而言,气味种类分为两个同质子集,丁香花、桂花、咖啡气味之间不存在显著差异,桂花、咖啡、面包气味之间不存在显著差异,植物气味的主观浓度低于食物气味的主观浓度,其中丁香花气味的主观浓度最低;对于鸟鸣声而言,气味种类分为两个同质子集,桂花、丁香花、咖啡气味之间不存在显著差异,丁香花、咖啡、面包气味之间不存在显著差异,植物气味的主观浓度低于食物气味的主观浓度,其中桂花气味的主观浓度最低;对于交谈声而言,气味种类分为两个同质子集,丁香花、咖啡、面包气味之间不存在显著差异,咖啡、面包、桂花气味之间不存在显著差异,此时丁香花气味的主观浓度最低。

表 4-30　声音种类与气味种类交互作用下主观浓度均值的多重比较

声音	气味	alpha＝0.05 的子集	
		1	2
无	桂花	3.170	
	丁香花	3.214	
	咖啡	3.259	
	面包	3.277	
	显著性	.717	
交通声	丁香花	2.699	
	桂花	2.754	2.754
	咖啡	2.775	2.775
	面包		2.875
	显著性	.589	.176
鸟鸣声	桂花	2.728	
	丁香花	2.818	2.818
	咖啡	2.864	2.864
	面包		2.945
	显著性	.123	.169
交谈声	丁香花	2.637	
	咖啡	2.689	2.689
	面包	2.769	2.769
	桂花		2.811
	显著性	.159	.226

　　对于音量而言,其与声音种类存在交互作用,主观浓度均值的多重比较见表 4-31。对于低音量声音而言,声音种类分为两个同质子集,交通与交谈声不存在显著差异,鸟鸣声影响下的主观浓度最高;对于中音量声音而言,声音种类分为两个同质子集,交通声与交谈声无显著差异,交通声与鸟鸣声无显著差异;

对于高音量声音而言,3 种声音种类间均无显著差异,交谈声情况下的主观浓度最低。

表 4-31　音量与声音种类交互作用下主观浓度均值的多重比较

音量	声音	alpha=0.05 的子集	
		1	2
低	交通	2.935	
	交谈	2.949	
	鸟鸣		3.079
	显著性	.957	1.000
中	交谈	2.637	
	交通	2.713	2.713
	鸟鸣		2.810
	显著性	.317	.150
高	交谈	2.594	
	鸟鸣	2.628	
	交通	2.679	
	显著性	.217	

气味种类与声音种类交互作用下的主观浓度均值的多重比较见表 4-32,所有气味种类情况下,声音种类均分为两个同质子集,有声音情况下 3 种声音间均无显著差异,其与无声情况存在显著差异。对于桂花气味来说,鸟鸣声对其主观浓度的降低效果最强;对于其余气味而言,交谈声对其主观浓度的降低效果最强。

表 4-32　气味种类与声音种类交互因素影响下主观浓度均值的多重比较

气味	声音	alpha＝0.05 的子集	
		1	2
丁香花	交谈	2.637	
	交通	2.699	
	鸟鸣	2.818	
	无		3.214
	显著性	.053	1.000
桂花	鸟鸣	2.728	
	交通	2.754	
	交谈	2.811	
	无		3.170
	显著性	.661	1.000
咖啡	交谈	2.689	
	交通	2.775	
	鸟鸣	2.864	
	无		3.259
	显著性	.131	1.000
面包	交谈	2.769	
	交通	2.875	
	鸟鸣	2.945	
	无		3.277
	显著性	.095	1.000

4.3　嗅听交互作用下的整体感知

本节以植物气味(丁香花、桂花)与食物气味(咖啡、面包)作为嗅觉影响因素,以自然声、人为声、人工声(鸟鸣声、交谈声、交通声)作为听觉影响因素,分析声音与气味共同作用下的整体舒适度、整体协调度的变化规律。

4.3.1 嗅听交互作用下的整体舒适度

1)植物气味与声音交互作用下的整体舒适度

如图 4-21 所示为植物气味与声音交互作用下的整体舒适度。对于丁香花气味而言,当给定鸟鸣声时,如图 4-21(a)所示,随着丁香花气味浓度的提高,其与低、中音量声音作用下的整体舒适度几乎不变;与高音量声音的整体舒适度逐渐上升,在气味浓度最高时达到最大值,其均值与低浓度时相比提高了 0.19。当给定交谈声时,如图 4-21(c)所示,气味与低、中音量声音作用下的整体舒适度先升高再降低,在丁香花气味浓度为适中时达到最高,比低浓度时分别平均上升了 0.18 和 0.43;高音量声音下的整体舒适度随着气味浓度提高而逐渐上升,在丁香花气味浓度为最高时达到最大,其均值与低浓度时相比提高了 0.78。当给定交通声时,如图 4-21(e)所示,低、中音量声音下的整体舒适度几乎不变;高音量声音下的整体舒适度逐渐上升,在气味浓度最高时,其均值与低浓度时相比提高了 0.65。

对于桂花气味而言,当给定鸟鸣声时,如图 4-21(b)所示,随着桂花气味浓度的提高,3 种音量的整体舒适度几乎不变。当给定交谈声时,如图 4-21(d)所示,低、中音量声音下的整体舒适度趋势基本为直线;高音量声音下的整体舒适度逐渐上升,在桂花气味浓度最高时达到最大值,其均值与低浓度时相比提高了 0.34。当给定交通声时,如图 4-21(f)所示,低音量声音下的整体舒适度无明显变化;中音量声音下的整体舒适度在中气味浓度时达到最高,比低浓度时平均上升了 0.36;高音量声音下的整体舒适度在气味浓度最高时达到最高值,比低浓度时提高了 0.78。

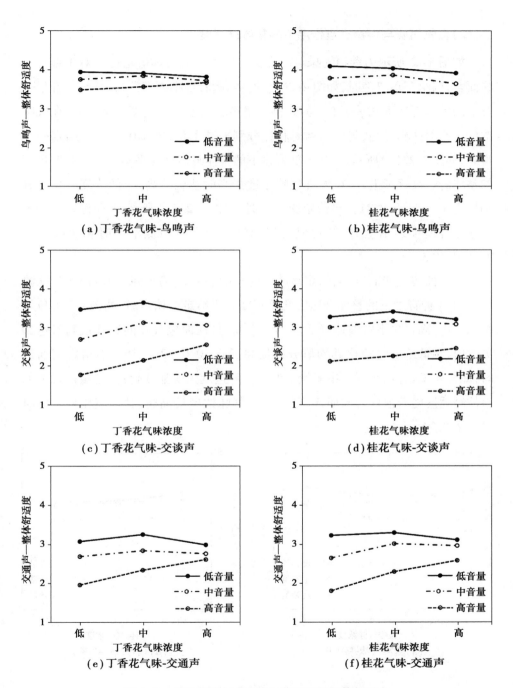

图 4-21 植物气味与声音交互作用下的整体舒适度

2）食物气味与声音交互作用下的整体舒适度

如图 4-22 所示为食物气味与声音交互作用下的整体舒适度。对于咖啡气味而言，当给定鸟鸣声时，如图 4-22(a)所示，随着咖啡浓度升高，其与中音量声音下的整体舒适度几乎不变；与低、高音量声音的整体舒适度逐渐上升，在气味浓度最高时达到最高，与低浓度时相比分别提高了 0.23 和 0.43。当给定交谈声时，如图 4-22(c)所示，气味与低音量下的整体舒适度几乎不变；中、高音量下的整体舒适度逐渐上升，在咖啡气味浓度最高时达到最高，与低浓度时相比分别提高了 0.54 和 0.31。当给定交通声时，如图 4-22(e)所示，3 种音量声音下的整体舒适度逐渐上升，其均值在气味浓度最高时与低浓度时相比提高了 0.41、0.59、0.89。

对于面包气味而言，当给定鸟鸣声时，如图 4-22(b)所示，随着面包气味浓度升高，3 种音量下的整体舒适度几乎不变。当给定交谈声时，如图 4-22(d)所示，低、中、高音量下的整体舒适度逐渐升高，且在面包气味的浓度最高时达到最大值，与低浓度时相比其均值分别提高了 0.30、0.42、0.55。当给定交通声时，如图 4-22(f)所示，低、中音量下的整体舒适度无明显变化；高音量声音下的整体舒适度随着浓度升高而逐渐提高，在气味浓度最高时，其均值比低浓度时提高了 0.74。

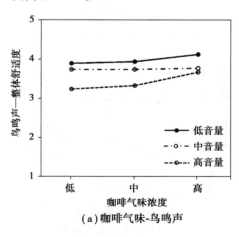

（a）咖啡气味-鸟鸣声

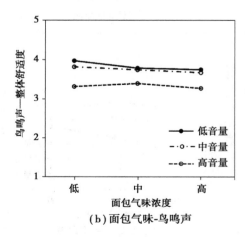

（b）面包气味-鸟鸣声

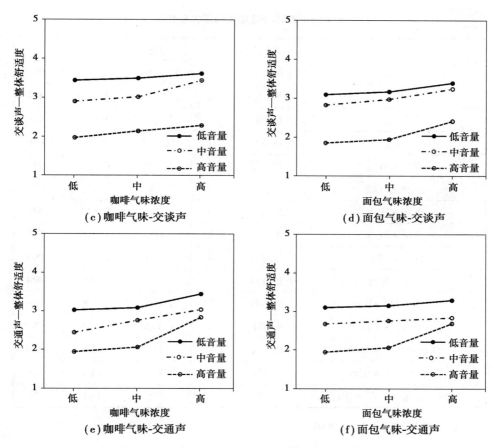

图 4-22　食物气味与声音交互作用下的整体舒适度

3）嗅听交互作用下的整体舒适度分析

为比较嗅听交互作用下整体舒适度的差异,采用多因素方差分析,得到的结果见表 4-33。结果显示声音种类、音量、气味种类、浓度这 4 种因素自身对气味舒适度的影响均达到显著水平($p<0.05$),而对于嗅觉因素与听觉因素的交互作用而言,声音种类与浓度、音量与浓度的交互作用均会显著影响整体舒适度($p=0.000<0.01$),嗅觉与听觉因素会对整体舒适度的评价产生影响。

表 4-33　整体舒适度多因素方差分析

源	Ⅲ型平方和	df	均方	F	Sig.
声音	1 088.127	2	544.064	907.813	**.000**
音量	756.327	2	378.164	630.996	**.000**
气味	6.586	3	2.195	3.663	**.012**
浓度	45.447	2	22.723	37.916	**.000**
声音 * 音量	90.792	4	22.698	37.873	**.000**
声音 * 气味	6.605	6	1.101	1.837	.088
声音 * 浓度	23.118	4	5.780	9.644	**.000**
音量 * 气味	4.728	6	.788	1.315	.247
音量 * 浓度	34.937	4	8.734	14.574	**.000**
气味 * 浓度	25.192	6	4.199	7.006	**.000**
声音 * 音量 * 气味	12.274	12	1.023	1.706	.059
声音 * 音量 * 浓度	9.077	8	1.135	1.893	.057
声音 * 气味 * 浓度	10.212	12	.851	1.420	.148
音量 * 气味 * 浓度	4.299	12	.358	.598	.846
声音 * 音量 * 气味 * 浓度	9.557	24	.398	.664	.890

注:其中加粗表示显著性水平 $p < 0.05$。

气味种类因素与其他因素不存在交互作用,不同情况下的整体舒适度均值的多重比较结果见表 4-34,气味种类分为两个同质子集,面包气味与丁香花气味对整体舒适度的影响不存在显著差异,丁香花、桂花、咖啡气味对整体舒适度的影响不存在显著差异,三者对整体舒适度的提高效果要优于面包气味。

表 4-34　气味种类因素影响下整体舒适度均值的多重比较

气味	alpha=0.05 的子集	
	1	2
面包	3.009	
丁香花	3.086	3.086

续表

气味	alpha = 0.05 的子集	
	1	2
桂花		3.097
咖啡		3.102
显著性	.056	.957

对于声音种类而言,其与浓度交互作用下的整体舒适度均值的多重比较结果见表4-35。对于鸟鸣声情况而言,不同浓度对整体舒适度的影响不存在显著差异,整体舒适度的值几乎不变;对于交谈声和交通声情况而言,3 种浓度类型均分为 3 个同质子集,低、中、高 3 种浓度下彼此存在着显著差异($p = 0.000 < 0.01$),随着浓度的逐步提升,整体舒适度会逐渐升高。

表 4-35　声音种类与浓度交互作用下整体舒适度均值的多重比较

声音	浓度	alpha = 0.05 的子集		
		1	2	3
鸟鸣	低	3.663		
	高	3.669		
	中	3.683		
	显著性	.909		
交谈	低	2.654		
	中		2.826	
	高			2.958
	显著性	1.000	1.000	1.000
交通	低	2.497		
	中		2.694	
	高			2.879
	显著性	1.000	1.000	1.000

对于音量而言,其与浓度存在交互作用,其交互作用下的整体舒适度均值的多重比较见表4-36。对于低音量情况而言,不同浓度对整体舒适度的影响无显著差异,整体舒适度几乎不变;对于中音量情况而言,浓度分为两个同质子集,中浓度以及高浓度对整体舒适度的影响无显著差异,并且中、高浓度对整体舒适度的影响效果优于低浓度;对于高音量情况而言,浓度分为3个同质子集,低、中、高3种浓度情况下的整体舒适度存在显著差异($p = 0.000 < 0.01$),随着浓度的升高,整体舒适度同样逐渐升高。

表4-36 音量与浓度交互作用下整体舒适度均值的多重比较

音量	浓度	alpha=0.05 的子集		
		1	2	3
低	低	3.423		
	高	3.454		
	中	3.471		
	显著性	.605		
中	低	3.038		
	中		3.194	
	高		3.225	
	显著性	1.000	.807	
高	低	2.353		
	中		2.538	
	高			2.827
	显著性	1.000	1.000	1.000

对于浓度而言,其与声音种类、音量均存在交互作用,浓度与声音种类交互作用下整体舒适度均值的多重比较见表4-37。对于低浓度与中浓度而言,3种声音种类均分为3个同质子集,鸟鸣声影响下的整体舒适度最高,交通声影响下的整体舒适度最低;对于高浓度而言,声音种类分为两个同质子集,交通声与交谈声情况下的整体舒适度不存在显著差异,鸟鸣声情况下的整体舒适度比交

谈声和交通声情况下的更高。

表 4-37 浓度与声音种类交互作用下整体舒适度均值的多重比较

浓度	声音	alpha=0.05 的子集		
		1	2	3
低	交通	2.497		
	交谈		2.654	
	鸟鸣			3.663
	显著性	1.000	1.000	1.000
中	交通	2.694		
	交谈		2.826	
	鸟鸣			3.683
	显著性	1.000	1.000	1.000
高	交通	2.879		
	交谈	2.958		
	鸟鸣		3.669	
	显著性	.202	1.000	

浓度与音量交互作用下整体舒适度均值的多重比较见表 4-38,低、中、高 3 种音量对不同浓度影响下的整体舒适度均存在显著影响($p=0.000<0.01$),且随着音量的逐步升高,整体舒适度均呈现逐渐下降的趋势。

表 4-38 浓度与音量交互作用下整体舒适度均值的多重比较

浓度	音量	alpha=0.05 的子集		
		1	2	3
低	高	2.353		
	中		3.038	
	低			3.423
	显著性	1.000	1.000	1.000

续表

浓度	音量	alpha=0.05 的子集		
		1	2	3
中	高	2.538		
	中		3.194	
	低			3.471
	显著性	1.000	1.000	1.000
高	高	2.827		
	中		3.225	
	低			3.454
	显著性	1.000	1.000	1.000

4.3.2 嗅听交互作用下的整体协调度

1)植物气味与声音交互作用下的整体协调度

如图 4-23 所示为植物气味与声音交互作用下的整体协调度。对于丁香花气味而言,当给定鸟鸣声时,整体协调度评价如图 4-23(a)所示,随着丁香花气味浓度的提高,其与低、中音量作用下的整体协调度逐渐下降,在浓度最高时,整体协调度达到最低,与低浓度时相比分别降低了 0.31 和 0.20;高音量的整体协调度逐渐上升,在浓度最高时达到最高,其均值比低浓度时提高了 0.32。当给定交谈声时,整体协调度评价如图 4-23(c)所示,浓度与低、中音量下的整体协调度几乎不变;高音量下的整体协调度随着浓度提高而逐渐上升,在浓度最高时达到最大,其均值与低浓度时相比提高了 0.47。当给定交通声时,整体协调度评价如图 4-23(e)所示,低音量与中音量情况下的整体协调度在中浓度时达到最大,与低浓度时相比其均值分别增加了 0.19 和 0.27;高音量情况下的整体协调度逐渐上升,且其均值在丁香花浓度最高时比低浓度时提高了 0.38。

对于桂花气味而言,当给定鸟鸣声时,整体协调度评价如图 4-23(b)所示,随着桂花浓度升高,3 种音量下的整体协调度几乎不变。当给定交谈声时,整体协调度评价如图 4-23(d)所示,低音量情况下的整体协调度趋势基本为直线;中音量情况下的整体协调度在中浓度时最高,与低浓度时相比提高了 0.23;高音量情况下的整体协调度逐渐上升,在浓度最高时达到最大值,其均值与低浓度时相比提高了 0.43。当给定交通声时,整体协调度评价如图 4-23(f)所示,与交谈声类似,低音量情况下的整体协调度无明显变化;中音量情况下的整体协调度在中浓度时最高,比无气味时平均上升了 0.26;高音量情况下的整体协调度在浓度最高时,比无气味时的均值提高了 0.23。

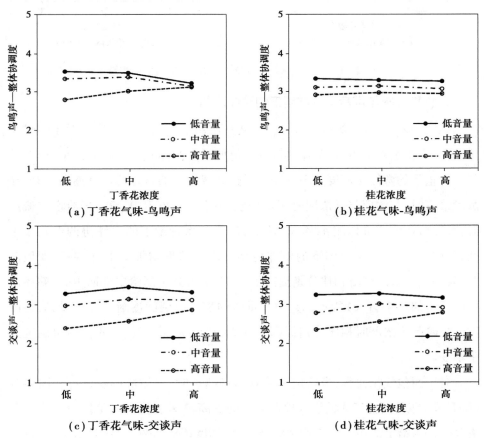

（a）丁香花气味-鸟鸣声　　　　　（b）桂花气味-鸟鸣声

（c）丁香花气味-交谈声　　　　　（d）桂花气味-交谈声

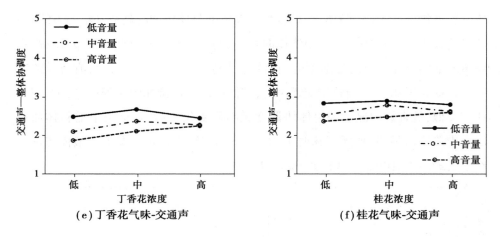

图 4-23　植物气味与声音交互作用下的整体协调度

2）食物气味与声音交互作用下的整体协调度

如图 4-24 所示为食物气味与声音交互作用下的整体协调度。对于咖啡气味而言,当给定鸟鸣声时,整体协调度评价如图 4-24(a)所示,随着浓度升高,其与中音量下的整体协调度几乎不变;与低、高音量下的整体协调度逐渐上升,在浓度最高时,其均值与低浓度时相比分别提高了 0.26 和 0.42。当给定交谈声时,整体协调度评价如图 4-24(c)所示,浓度与低音量下的整体协调度几乎不变;与中、高音量交互作用下的整体协调度随着浓度增加而上升,在浓度最高时,其均值与低浓度时相比分别提高了 0.72 和 0.48。当给定交通声时,整体协调度评价如图 4-24(e)所示,低、中音量时的整体协调度逐渐上升,其均值在浓度最高时与低浓度时相比分别提高了 0.26 和 0.36;高音量时的整体协调度几乎不变。

对于面包气味而言,当给定的声音为鸟鸣声时,整体协调度评价如图 4-24(b)所示,随着面包气味的引入以及浓度的提高,3 种音量下的整体协调度几乎不改变。当给定的声音为交谈声时,整体协调度评价如图 4-24(d)所示,低音量下的整体协调度逐渐升高,且在浓度最高时达到最大,其均值与低浓度时相比提高了 0.30;中音量与高音量下的整体协调度几乎不改变。当给定的声音为交通声时,整体协调度评价如图 4-24(f)所示,低、中、高音量下的整体协调度随着浓度升高而逐渐提高,在浓度最高时,其均值与低浓度时相比分别提高了 0.19、0.29、0.37。

3)嗅听交互作用下的整体协调度分析

为比较嗅听交互作用下整体协调度的差异,采用多因素方差分析,得到的结果见表 4-39。结果显示声音种类、音量、气味种类、浓度 4 种因素对整体协调度的影响均达到显著水平($p<0.01$),声音种类与气味种类、浓度,音量与气味种类、浓度,气味种类与声音种类、音量,浓度与声音种类、音量的交互效果全部达到显著水平($p<0.05$),即嗅觉与听觉因素会影响整体协调度评价。

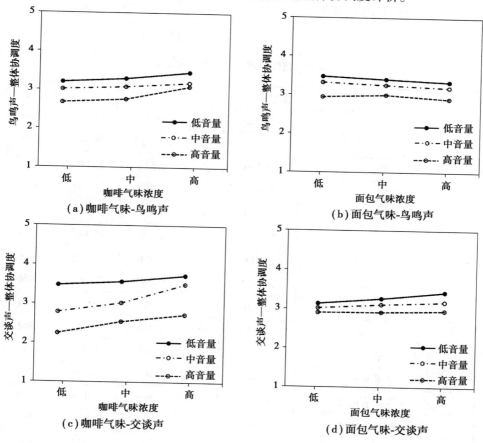

（a）咖啡气味-鸟鸣声　　　　　　（b）面包气味-鸟鸣声

（c）咖啡气味-交谈声　　　　　　（d）面包气味-交谈声

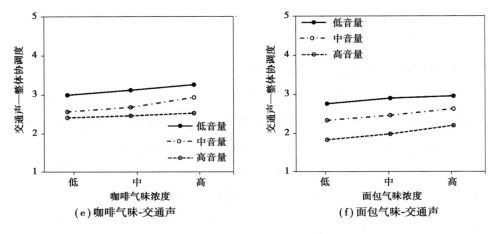

图 4-24　食物气味与声音交互作用下的整体协调度

表 4-39　整体协调度多因素方差分析

源	Ⅲ 型平方和	df	均方	F	Sig.
声音	432.821	2	216.410	261.954	**.000**
音量	315.514	2	157.757	190.957	**.000**
气味	13.599	3	4.533	5.487	**.001**
浓度	22.034	2	11.017	13.335	**.000**
声音 * 音量	12.948	4	3.237	3.918	**.004**
声音 * 气味	74.696	6	12.449	15.069	**.000**
声音 * 浓度	8.823	4	2.206	2.670	**.031**
音量 * 气味	10.722	6	1.787	2.163	**.044**
音量 * 浓度	8.109	4	2.027	2.454	**.044**
气味 * 浓度	15.573	6	2.596	3.142	**.004**
声音 * 音量 * 气味	17.497	12	1.458	1.743	.052
声音 * 音量 * 浓度	1.317	8	.165	.199	.991
声音 * 气味 * 浓度	4.749	12	.396	.479	.928
音量 * 气味 * 浓度	9.303	12	.775	.938	.507
声音 * 音量 * 气味 * 浓度	6.985	24	.291	.352	.999

注:其中加粗表示显著性水平 $p<0.05$。

对于声音种类而言,其与气味种类存在交互作用,其作用下的整体协调度均值的多重比较见表 4-40。对于鸟鸣声而言,不同气味种类对整体协调度的影响无显著差异;对于交谈声而言,结果显示气味种类分为两个同质子集,植物气味彼此间不存在显著差异,食物气味与丁香花气味之间不存在显著差异,交谈声与食物气味的整体协调度高于其与植物气味的整体协调度;对于交通声而言,气味种类分为 3 个同质子集,分别为丁香花气味、面包气味、桂花与咖啡气味,后两者不存在显著差异,它们与交通声的整体协调度高于面包气味与丁香花气味。

表 4-40　声音种类与气味种类交互作用下整体协调度均值的多重比较

声音	气味	alpha＝0.05 的子集		
		1	2	3
鸟鸣	咖啡	3.083		
	桂花	3.125		
	面包	3.182		
	丁香花	3.238		
	显著性	.094		
交谈	桂花	2.902		
	丁香花	3.018	3.018	
	咖啡		3.116	
	面包		3.131	
	显著性	.312	.336	
交通	丁香花	2.286		
	面包		2.440	
	桂花			2.646
	咖啡			2.756
	显著性	1.000	1.000	.265

声音种类与浓度存在交互作用,其作用下的整体协调度均值的多重比较见

表 4-41。对于鸟鸣声而言，不同浓度对整体协调度的影响无显著差异；对于交谈声和交通声而言，结果显示浓度均分为两个同质子集，中浓度与高浓度彼此间不存在显著差异，其与低浓度时存在显著差异，随着浓度的升高，整体协调度呈现上升趋势。

表 4-41　声音种类与浓度交互作用下整体协调度均值的多重比较

声音	浓度	alpha＝0.05 的子集	
		1	2
鸟鸣	低	3.135	
	高	3.156	
	中	3.170	
	显著性	.808	
交谈	低	2.888	
	中		3.040
	高		3.144
	显著性	1.000	.165
交通	低	2.397	
	中		2.551
	高		2.598
	显著性	1.000	.642

对于音量而言，其与气味种类交互作用下整体协调度均值的多重比较见表 4-42。对于低音量而言，结果显示气味种类分为两个同质子集，丁香花、桂花、面包气味间不存在显著差异，咖啡气味对整体协调度的提高效果显著；对于中音量与高音量而言，不同气味种类对整体协调度的影响不存在显著差异。

表 4-42　音量与气味种类交互作用下整体协调度均值的多重比较

音量	气味	alpha＝0.05 的子集	
		1	2
低	丁香花	3.095	
	桂花	3.113	
	面包	3.185	
	咖啡		3.351
	显著性	.511	1.000
中	丁香花	2.875	
	桂花	2.890	
	面包	2.943	
	咖啡	2.988	
	显著性	.319	
高	丁香花	2.571	
	咖啡	2.616	
	面包	2.625	
	桂花	2.670	
	显著性	.474	

音量与浓度存在交互作用,其作用下的整体协调度均值的多重比较见表4-43。对于低音量而言,不同浓度对整体协调度的影响不存在显著差异;对于中音量而言,结果显示浓度分为两个同质子集,低浓度与中浓度时不存在显著差异,中浓度与高浓度时不存在显著差异,中、高浓度与中音量的整体协调度更高;对于高音量而言,浓度同样分为两个同质子集,中浓度与高浓度时不存在显著差异,中、高浓度与高音量的整体协调度更高。

对于气味种类而言,其与声音种类存在交互作用,其作用下的整体协调度均值的多重比较见表4-44。对于植物气味而言,声音种类均分为 3 个同质子集,不同声音类型对整体协调度的影响均存在着显著差异($p＝0.000<0.01$),植

物气味与鸟鸣声相搭配的整体协调度最高,与交谈声的整体协调度次之,与交通声的整体协调度最低;对于食物气味而言,声音种类均分为两个同质子集,鸟鸣声与交谈声不存在显著差异,但它们与交通声存在着显著差异,说明食物气味与鸟鸣声或交谈声的搭配更为协调。

表 4-43 音量与浓度交互作用下整体协调度均值的多重比较

音量	浓度	alpha=0.05 的子集	
		1	2
低	低	3.138	
	高	3.190	
	中	3.210	
	显著性	.390	
中	低	2.814	
	中	2.946	2.946
	高		2.971
	显著性	.050	.896
高	低	2.468	
	中		2.605
	高		2.738
	显著性	1.000	.055

　　气味种类与音量存在交互作用,其作用下的整体协调度均值的多重比较见表 4-45。对于所有气味而言,音量均分为 3 个同质子集,3 种音量对整体协调度的影响均存在显著差异($p=0.000<0.01$),不同气味情况下均存在着随着音量的升高,整体协调度逐渐降低的趋势。

表 4-44　气味种类与声音种类交互作用下整体协调度均值的多重比较

气味	声音	alpha=0.05 的子集		
		1	2	3
丁香花	交通	2.286		
	交谈		3.018	
	鸟鸣			3.238
	显著性	1.000	1.000	1.000
桂花	交通	2.646		
	交谈		2.902	
	鸟鸣			3.125
	显著性	1.000	1.000	1.000
咖啡	交通	2.756		
	鸟鸣		3.083	
	交谈		3.116	
	显著性	1.000	.877	
面包	交通	2.440		
	交谈		3.131	
	鸟鸣		3.182	
	显著性	1.000	.701	

表 4-45　气味种类与音量交互作用下整体协调度均值的多重比较

气味	音量	alpha=0.05 的子集		
		1	2	3
丁香花	高	2.571		
	中		2.875	
	低			3.095
	显著性	1.000	1.000	1.000

续表

气味	音量	alpha＝0.05 的子集		
		1	2	3
桂花	高	2.670		
	中		2.890	
	低			3.113
	显著性	1.000	1.000	1.000
咖啡	高	2.616		
	中		2.988	
	低			3.351
	显著性	1.000	1.000	1.000
面包	高	2.625		
	中		2.943	
	低			3.185
	显著性	1.000	1.000	1.000

浓度与声音种类交互作用下整体协调度均值的多重比较见表4-46。对于低浓度与中浓度而言,声音种类均分为3个同质子集,其均与鸟鸣声的整体协调度最高,交谈声次之,与交通声的整体协调度最低;对于高浓度而言,声音种类分为两个同质子集,交谈声与鸟鸣声不存在显著差异,两者对整体协调度的提高效果强于交通声。

浓度与音量交互作用下整体协调度均值的多重比较见表4-47。对于3种浓度而言,音量均分为3个同质子集,随着音量的提高,整体协调度均逐渐下降。

表 4-46　浓度与声音种类交互因素影响下整体协调度均值的多重比较

浓度	声音	alpha＝0.05 的子集		
		1	2	3
低	交通	2.397		
	交谈		2.888	
	鸟鸣			3.135
	显著性	1.000	1.000	1.000
中	交通	2.551		
	交谈		3.040	
	鸟鸣			3.170
	显著性	1.000	1.000	1.000
高	交通	2.598		
	交谈		3.144	
	鸟鸣		3.156	
	显著性	1.000	.965	

表 4-47　浓度与音量交互作用下整体协调度均值的多重比较

浓度	音量	alpha＝0.05 的子集		
		1	2	3
低	高	2.468		
	中		2.814	
	低			3.138
	显著性	1.000	1.000	1.000
中	高	2.605		
	中		2.946	
	低			3.210
	显著性	1.000	1.000	1.000

续表

浓度	音量	alpha＝0.05 的子集		
		1	2	3
高	高	2.738		
	中		2.971	
	低			3.190
	显著性	1.000	1.000	1.000

4.4　嗅听交互感知效应讨论

4.4.1　嗅听交互作用下声音与气味感知评价的异同

4.1 和 4.2 分别阐述了嗅听交互作用下的声音与气味感知评价,对于它们的相似性而言,两者均存在着舒适度与喜好度变化类似的趋势,在本研究中采用斯皮尔曼(Spearman)相关分析计算评价指标间的相关性,结果显示声舒适度与声喜好度的相关系数为 0.880($p<0.01$),气味舒适度与气味喜好度的相关系数为 0.829($p<0.01$)。之前研究显示人们在自己喜欢的声环境或气味环境中会更加舒适[68,202],本研究说明了无论刺激是单一感官的还是多感官交互的,这一变化趋势均存在。同样地,声音与气味感知评价中的熟悉度几乎不变,可能因为本研究中选择的声音与气味样本均为城市中常见的声源与嗅源,被试对其熟悉程度均较高,导致其熟悉度评价在不同感官因素的刺激下均无明显差异。对于主观响度与主观浓度而言,随着另一种感官刺激强度的提高,其值均会降低,前人研究已发现除听觉、视觉自身之间,视觉与听觉之间存在着这种彼此的掩蔽作用[17,76],这可能是在多感官因素刺激下,人们会较单一感官因素刺激下产生更多的注意力分散,导致被试不能完整接受全部刺激的信息,并且一种感官刺激的强度越大,另一种感官刺激的信息接受程度就相对越弱,本研究结果

显示这一规律同样存在于嗅听交互感知中。

对于嗅听交互作用下的声音与气味感知评价的差异性而言,对声舒适度与声喜好度,气味的引入在大部分情况下会对其评价产生提高作用;对气味舒适度与气味喜好度,声音的引入在多数情况下会对其评价产生降低作用。可能的原因是,本研究所选择的声音除了鸟鸣声之外,交谈声与交通声均为评价非正面的声音,本研究所选择的食物、植物气味样本则为评价较为中性及正面的。由此可知,在感官交互感知中,正面的感官刺激多数情况下会提高另一种感官的评价,而负面的感官刺激则会降低另一种感官的评价[111,112],这与第 3 章的研究结果是相吻合的。

4.4.2 嗅听交互作用下单一感官评价与整体评价的关系

同样采用斯皮尔曼相关分析计算嗅听交互作用下的声音与气味感知评价与整体舒适度的相关性,结果显示整体舒适度与声舒适度的相关系数为 0.790($p<0.01$),与气味舒适度的相关系数为 0.407($p<0.01$),即声舒适度对整体舒适度的影响效果更大。嗅听交互作用下的声音与气味感知评价与整体协调度的相关性显示,整体协调度与声舒适度的相关系数为 0.456($p<0.01$),与气味舒适度的相关系数为 0.523($p<0.01$),即声舒适度与气味舒适度对整体协调度的影响效果较均等。前人研究已证明感官中视觉的优势性,体现在多感觉整合过程中表现出的视觉主导效应,听觉次之[120,203],本研究则证明了嗅听交互作用中听觉对舒适度起到了主导作用。但是对于两者是否协调而言,声音与气味对其的影响程度较为均衡。此外,声舒适度与气味舒适度的斯皮尔曼相关系数为 0.322($p<0.01$),说明声舒适度会随着气味舒适度的升高而升高,这与第 3 章的结果一致,同样证明了感官间并不是独立的,嗅觉与听觉感知之间存在着协同作用。

对于整体评价感知而言,整体舒适度与协调度的相关系数为 0.539($p<0.01$),即感官因素的协调度越高,人们感到越舒适。这说明了即使单独存在的芳香味或悦耳的声音会令人愉悦,感官刺激彼此相协调时才会令人舒适,即使是令人愉悦的气味和声音,当其与周边环境不协调时,仍会使人们感到不适,而

即使是令人厌烦的气味与噪声,当其与环境相协调时不会产生更多的反感[74]。

4.5　本章小结

本章探究了声音与气味的交互作用对多感官评价的影响。通过实验室研究,实验被试对声音感知指标(声舒适度、声喜好度、声熟悉度、主观响度)、气味感知指标(气味舒适度、气味喜好度、气味熟悉度、主观浓度)和整体感知指标(整体舒适度、整体协调度)进行了主观评价,并得出以下主要结论:

声音与气味会影响彼此的感知评价,气味对声音感知评价的影响显示,气味的存在几乎不影响鸟鸣声、小音量声音的评价,对于其他种类以及音量的声音而言,气味浓度越高,评价越好。在不同气味影响下,主观响度随着气味浓度升高而下降。声熟悉度并不改变。

声音对气味感知评价的影响显示,除气味熟悉度以外,随着声音音量的升高,气味评价均会下降,交通声与交谈声对气味评价的降低程度最大,声音种类对不同气味的主观浓度影响则无差异。在不同声音影响下,主观浓度均随着音量升高而降低。气味熟悉度并不改变。

整体感知评价结果显示,鸟鸣声与小音量与不同气味因素影响下的整体感知基本不受影响,对于其他声音种类与音量而言,随着浓度的升高,整体感知评价逐渐提高。

无论声音感知还是气味感知,均存在着舒适度与喜好度变化趋势相似的规律,不同声音与气味刺激对彼此的影响效果不同,正面评价的感官刺激会提高另一种感官感受的评价,负面评价的感官刺激作用则效果相反。嗅听感官间存在着一种"掩蔽"效应,体现在一种刺激越强,另一种感官感受越弱。整体感知评价会发生变化,对于整体舒适度而言,声音刺激对其的影响效果强于气味刺激;对于整体协调度而言,声音与气味刺激对其的影响效果较为均衡。

第 5 章　嗅听交互对人群行为的影响

本章通过实地人群行为观测的方法,从城市公共开放空间中典型的声音与气味组合影响下的人群的路径、速度、停留时间着手,对植物气味与声音的交互作用、食物气味与声音的交互作用、污染气味与声音的交互作用的研究结果进行分析。

5.1　植物气味与声音的交互作用

5.1.1　对路径的影响

低、高声压级情况下的人群路径分布如图 5-1 所示,两种情况下人群路径均多集中在靠近嗅源方向。低声压级时的路径分布如图 5-1(a)所示,与之相比,高声压级时的路径分布则更为均匀且集中,如图 5-1(b)所示。随着气味浓度从左至右逐渐升高,两种情况下的路径分布均有由松散至密集的趋势。

低、高声压级情况下的人群路径范围如图 5-2 所示,其均值所连成的线分布较为居中。低声压级与高声压级下的人群路径范围如图 5-2(a)与图 5-2(b)所示,与低声压级情况相比,高声压级情况下人群路径的均值、路径范围的上下边界均有向下移动的趋势。可能是高声压级的交通声对人群产生了负面影响,从而导致人群远离声源。在两种声压级情况下,随着气味从无到有,浓度从清淡到浓郁,人群路径均值线均存在着逐渐向嗅源移动的趋势,其中高声压级情况下更为明显。可能的原因是丁香花的会对人群产生一定的吸引作用,随着浓度逐渐增强,吸引力逐渐增加最后趋于稳定。

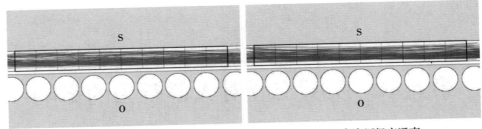

（a）低声压级交通声　　　　　　　　　　（b）高声压级交通声

图 5-1　丁香花气味与交通声组合下的人群路径分布

（S 表示声源所在位置，O 表示嗅源所在位置）

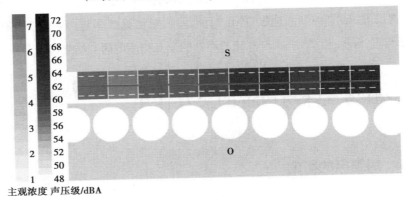

（a）低声压级交通声

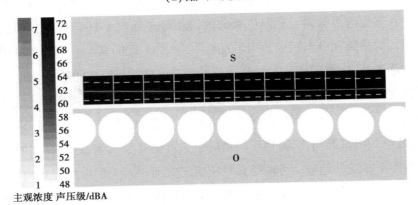

（b）高声压级交通声

图 5-2　丁香花气味与交通声组合下的人群路径范围

（S 表示声源所在位置，O 表示嗅源所在位置）

　　研究区域内每个被试的路径由不同的点所构成,可看成一个连续完整的过程,以声压级大小为自变量,采用全因子模型对路径与网格纵线的交点纵坐标值 y 进行重复方差分析,结果见表 5-1。由于 Y_1 至 Y_{11} 是按照浓度从无到有,从清淡到浓郁变化的,所以因变量 y 本身则代表了气味因素(即浓度变化),检验结果显示与网格相交的 11 个纵坐标值 y、$y*$声音均达显著水平($p<0.05$),说明声压级和浓度存在交互作用。Mauchly 球形度检验结果显示资料不服从球形假设($p=0.000<0.01$),表明各次重复测量结果是相关的。

表 5-1　路径与网格交点纵坐标值 y 的重复方差分析

效应		值	F	假设 df	误差 df	$Sig.$
y	Pillai 的跟踪	.247	6.563	10.000	200.000	.000
	Wilks 的 Lambda	.753	6.563	10.000	200.000	.000
	Hotelling 的跟踪	.328	6.563	10.000	200.000	.000
	Roy 的最大根	.328	6.563	10.000	200.000	.000
$y*$声音	Pillai 的跟踪	.103	2.290	10.000	200.000	.015
	Wilks 的 Lambda	.897	2.290	10.000	200.000	.015
	Hotelling 的跟踪	.114	2.290	10.000	200.000	.015
	Roy 的最大根	.114	2.290	10.000	200.000	.015

　　如图 5-3 所示显示了浓度变化(y)、声压级大小与浓度($y*$声音)交互作用下的路径纵坐标值 y 的估算边际均值,其值越大则说明人群越靠近声源,越远离嗅源。图 5-3(a)显示的是仅在气味影响下的路径纵坐标值 y 的估算边际均值,随着丁香花气味从无到有,从清淡至浓郁,人群路径存在逐渐靠近嗅源之后趋于稳定的趋势,Y_1 至 Y_3(即无味情况)之间无显著差异($p>0.05$),而与其他 y 之间存在显著差异($p=0.000<0.01$),Y_4、Y_5、Y_6(即清淡气味情况)彼此间以及与其他 y 之间存在显著差异($p=0.000<0.01$),Y_7 至 Y_{11}(即浓郁气味情况)之间不存在显著差异($p>0.05$),说明丁香花气味的存在会对人群有一定的吸引作用。图 5-3(b)显示的是在声音和气味交互作用下的路径纵坐标值 y 的估算边

际均值,之前已说明因变量 y 本身代表了气味因素(即浓度变化),并且路径是一个由多个点形成的连续完整的过程,因此减少了一个维度,即声压级因素自身的影响、声压级与气味浓度交互作用的影响均可以通过图 5-3(b)体现。对于交通声的声压级因素而言,主体间效应检验结果显示低声压级与高声

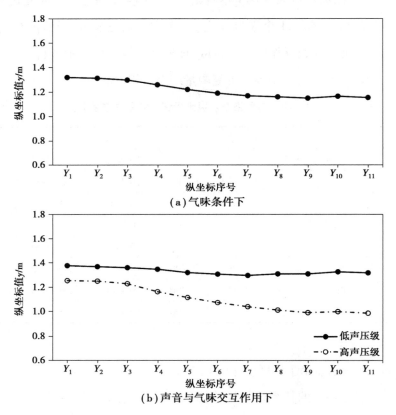

图 5-3　路径纵坐标值 y 的估算边际均值

压级情况是具有显著差异的($p=0.000<0.01$),与低声压级情况相比,高声压级的存在会让人远离声源。对于声压级与浓度的交互作用而言,在低声压级情况下,y 存在着随着气味从无到有,人群路径逐渐轻微趋于嗅源的趋势,但所有 y 之间无显著差异。在高声压级情况下,Y_1 至 Y_4 不存在显著差异($p>0.05$),而与其他 y 之间有显著差异($p=0.000<0.01$),Y_5 至 Y_{11} 无显著差异($p>0.05$),而与其他 y 之间存在显著差异($p=0.000<0.01$),说明高声压级情况下,人群会更

加远离声源而接近嗅源。可能的原因是，丁香花的气味本身对人群具有一定的吸引效果，当声压级较高时，人群对交通声源的躲避效应加强了这种远离声源而接近嗅源的趋势。

5.1.2　对速度的影响

同样地，以声压级大小为自变量，采用全因子模型对人群速度进行重复方差分析，得到的结果见表5-2。由于网格从左至右是按照浓度从无到有，从清淡到浓郁变化的，所以网格中的人群速度变化则代表了浓度的变化，检验结果显示10个网格的人群速度、人群速度＊声音均达到显著水平（$p<0.05$），则说明声压级和浓度是存在交互作用的。Mauchly球形度检验结果显示资料不服从球形假设（$p=0.000<0.01$），表明各次重复测量的结果是相关联的。

表 5-2　丁香花气味与声音交互作用下的人群速度重复方差分析

效应		值	F	假设 df	误差 df	$Sig.$
速度	Pillai 的跟踪	.133	3.437	9.000	201.000	.001
	Wilks 的 Lambda	.867	3.437	9.000	201.000	.001
	Hotelling 的跟踪	.154	3.437	9.000	201.000	.001
	Roy 的最大根	.154	3.437	9.000	201.000	.001
速度＊声音	Pillai 的跟踪	.081	1.970	9.000	201.000	.044
	Wilks 的 Lambda	.919	1.970	9.000	201.000	.044
	Hotelling 的跟踪	.088	1.970	9.000	201.000	.044
	Roy 的最大根	.088	1.970	9.000	201.000	.044

如图5-4所示显示了浓度变化（速度）、声压级大小与浓度（速度＊声音）交互作用下的人群速度的估算边际均值，网格按照从左至右依次标记为 G_1 至 G_{10}，所有情况下的总平均速度估算边际均值为 1.17 m/s。图5-4（a）显示的是仅气味影响下的人群速度的估算边际均值，随着丁香花气味浓度从无到有，从清淡至浓郁，人群速度逐渐降低之后趋于稳定，G_1 至 G_3 内的人群速度（无味情

况)之间不存在显著差异($p>0.05$),而与其他网格内速度之间存在显著差异($p=0.000<0.01$),G_4、G_5、G_6(清淡气味情况)彼此间以及与其他网格内速度之间存在显著差异($p=0.000<0.01$),G_7 至 G_{10}(浓郁气味情况)之间不存在显著差异($p>0.05$),说明丁香花气味会降低人群速度。图 5-4(b)为在声音和气味交互

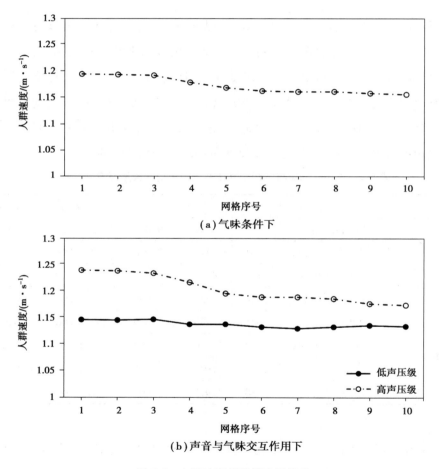

(a)气味条件下

(b)声音与气味交互作用下

图 5-4 人群速度的估算边际均值

作用下的人群速度的估算边际均值。之前已说明在本重复方差分析中,因变量本身代表了浓度变化,且速度分布在 10 个由气味从淡至浓递增的网格中,因此减少了一个维度,即声压级因素自身的影响、声压级与浓度交互作用的影响均

可以通过图 5-4(b)体现。对于交通声的声压级因素而言,主体间效应检验结果
显示低、高声压级情况存在显著差异($p=0.000<0.01$),与低声压级情况相比,
高声压级会提高人群速度。对于声压级与浓度的交互作用而言,在低声压级情
况下,人群速度变化并不明显,所有网格间的人群速度不存在显著差异($p>$
0.05)。在高声压级情况下,G_1 和 G_2 不存在显著差异($p>0.05$),而与其他网格
内的人群速度之间均存在显著差异($p<0.01$)。G_3 至 G_5 的人群速度彼此存在
显著差异($p<0.01$),且与其他网格内的人群速度同样存在显著差异($p<0.01$)。
G_6 至 G_{10} 的人群速度不存在显著差异($p>0.05$),而与其他网格内速度存在显著
差异($p<0.01$)。

　　对每个网格中的速度分布进行计算,结果如图 5-5 所示。低声压级情况下
的人群平均速度如图 5-5(a)所示,人群平均速度几乎不变。高声压级情况如图
5-5(b)所示,人群速度变化程度较低声压级明显,G_1 与 G_2 处的平均速度最大,
为 1.24 m/s;G_{10} 的平均速度最小,为 1.18 m/s。G_5 至 G_{10} 中人群速度较为稳
定,表明气味浓度对人群速度的影响差异不大。虽然低声压级与高声压级情况
下的人群速度变化趋势不同,但数值上,网格彼此之间最大的速度变化量仅为
0.06 m/s。

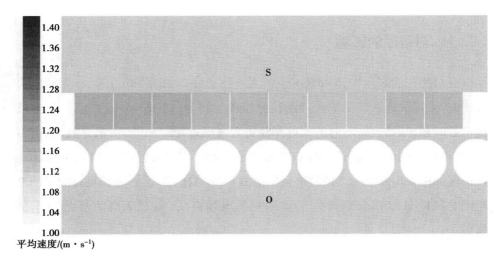

(a)低声压级交通声

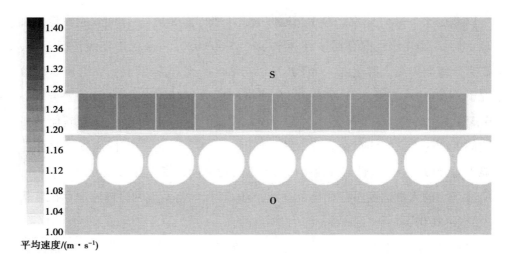

平均速度/(m·s⁻¹)

(b)高声压级交通声

图 5-5　丁香花气味与声音组合下的人群平均速度分布

(S 表示声源所在位置,O 表示嗅源所在位置)

5.2　食物气味与声音的交互作用

5.2.1　对路径的影响

在对路径的观测中,6 种情况下的人群路径分布如图 5-6 所示,在无面包房气味时,未播放声音情况的人群路径分布较为均匀,如图 5-6(a)所示。与未播放声音时相比,播放音乐时的人群路径更为聚集,如图 5-6(c)所示;播放风扇声时,人群路径则趋于远离声源,如图 5-6(e)所示。在有面包房气味时,未播放声源情况如图 5-6(b)所示,与无味且未播放声源相比,路径更为密集;图 5-6(d)与图 5-6(f)显示在分别播放了音乐声与风扇声后,路径表现为更趋向于感官源。

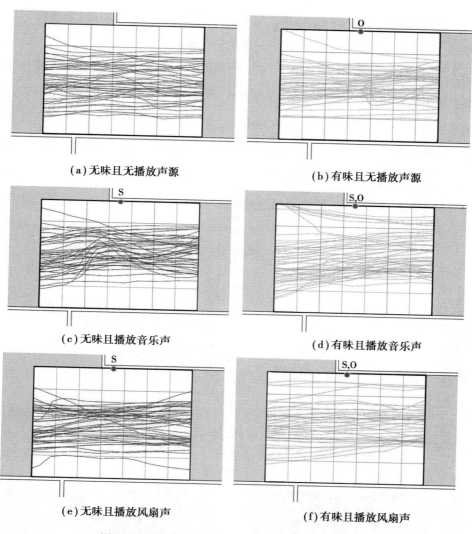

图 5-6　面包房气味与声音组合下的人群路径分布

（S 表示声源所在位置，O 表示嗅源所在位置）

6 种情况下的人群路径范围如图 5-7 所示，其均值均分布在网格中间区域。无施加气味与声音的情况如图 5-7（a）所示，人群路径范围较居中。播放声音后的路径范围更为集中，其中播放音乐声的情况如图 5-7（c）所示，与无播放声音情况相比，人群路径范围的下边界有向上移动的趋势；播放风扇声情况如图 5-7

(e)所示,人群路径范围的上边界有向下移动的趋势。可能原因是,音乐声音量
大,影响范围广,对人群整体产生了一定的吸引作用,但距离声源近处的声压级
过大,扬声器所在网格的平均声压级为72.5 dB,使人无法继续靠近;而风扇声
的声压级较低,且频率低,近处人群会有意识躲避,而距声源较远的人可能较难
识别风扇声,其对人群路径的影响并不大。对有面包房气味的情况,无播放声
源时的人群路径如图 5-7(b)所示,与无播放声源且无味情况相比,人群路径范
围的上下边界均有向上移动的趋势;播放音乐声情况如图 5-7(d)所示,其上下
边界向上的趋势最明显;播放风扇声情况如图 5-7(f)所示,其上下边界向上的
趋势弱于播放音乐声情况。说明面包房气味存在时,人群会趋近嗅源,在播放
声音后,无论是积极还是消极声音,都会使这种趋势更明显。

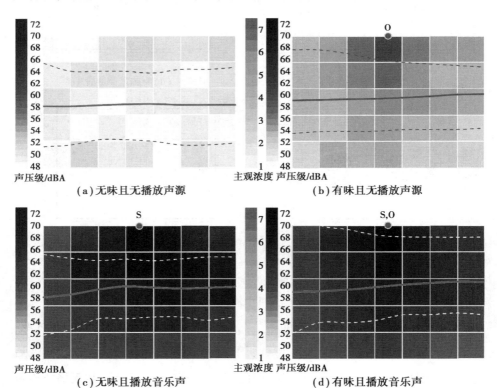

（a）无味且无播放声源　　　　　　　（b）有味且无播放声源

（c）无味且播放音乐声　　　　　　　（d）有味且播放音乐声

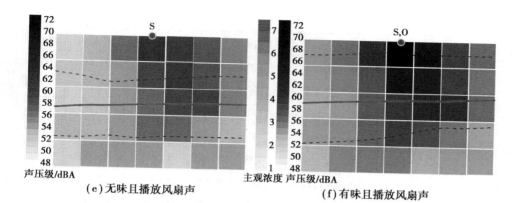

（e）无味且播放风扇声　　　　　　　　（f）有味且播放风扇声

图 5-7　面包房气味与声音组合下的人群路径范围

（S 表示声源所在位置，O 表示嗅源所在位置）

　　研究区域内每个被试路径由不同的点所构成，可看成一个连续且完整的过程，以声音种类、气味有无为自变量，采用全因子模型对路径与网格纵线的交点纵坐标值 y 进行重复方差分析，得到的结果见表 5-3。检验结果显示与网格相交的 8 个纵坐标值 y、声音种类、气味有无均达到显著水平（$p<0.05$），声音种类与气味有无的交互效果达显著水平（$p=0.000<0.01$）。Mauchly 球形度检验结果显示资料不服从球形假设（$p=0.000<0.01$），表明各次重复测量的结果是相关联的。

表 5-3　路径与网格交点纵坐标值 y 的重复方差分析

效应		值	F	假设 df	误差 df	Sig.
y	Pillai 的跟踪	.218	8.042	7.000	202.000	.000
	Wilks 的 Lambda	.782	8.042	7.000	202.000	.000
	Hotelling 的跟踪	.279	8.042	7.000	202.000	.000
	Roy 的最大根	.279	8.042	7.000	202.000	.000
$y*$声音	Pillai 的跟踪	.121	1.863	14.000	406.000	.029
	Wilks 的 Lambda	.880	1.901	14.000	404.000	.025
	Hotelling 的跟踪	.135	1.940	14.000	402.000	.021
	Roy 的最大根	.127	3.683	7.000	203.000	.001

续表

效应		值	F	假设 df	误差 df	Sig.
y * 气味	Pillai 的跟踪	.100	3.189	7.000	202.000	.003
	Wilks 的 Lambda	.900	3.189	7.000	202.000	.003
	Hotelling 的跟踪	.111	3.189	7.000	202.000	.003
	Roy 的最大根	.111	3.189	7.000	202.000	.003
y * 声音 * 气味	Pillai 的跟踪	.193	3.103	14.000	406.000	.000
	Wilks 的 Lambda	.811	3.181	14.000	404.000	.000
	Hotelling 的跟踪	.227	3.258	14.000	402.000	.000
	Roy 的最大根	.198	5.750	7.000	203.000	.000

如图 5-8 所示显示的是在气味有无条件、声音种类以及两者交互作用下的路径纵坐标值 y 的估算边际均值,其值越大说明人群越靠近声源或嗅源。图 5-8(a)显示的是仅在声音影响下的路径纵坐标值 y 的估算边际均值,Y_1 和 Y_2 的值在 3 种声音条件影响下的趋势几乎相同,Y_3 至 Y_8 的值则显示音乐声对人群存在吸引作用,这可能是音乐声使人们感到舒适,或者音乐声给人带来了安全感,从而使人不自觉靠近[204],播放风扇声时的人群路径变化趋势则与无播放声源时较为相似,可能步行街较宽,风扇声的声压级和频率均低,导致其不易被人们识别。图 5-8(b)显示的是仅在气味影响下的路径纵坐标值 y 的估算边际均值,有面包房气味情况时的纵坐标值 y 均高于无味情况时,说明气味的存在会对人群产生一定的吸引作用,这可能同样是因为面包房的气味使人们产生了舒适感。图 5-8(c)显示的是在气味和声音交互作用影响下的路径纵坐标值 y 的估算边际均值,对于无面包房气味的情况而言,与无播放声源情况相比,播放音乐声会对人群产生吸引作用,声源处的吸引效果最强;播放风扇声则会使人群远离声源,Y_6、Y_7、Y_8 的整体变化趋势则与无声时相类似。对于有面包房气味的情况而言,与无播放声源情况相比,音乐声对人群的吸引作用最强,主要集中在 Y_4、Y_5、Y_6,并且与无味无播放声音时相比,最大靠近了约 1.34 m;风扇声会对

人群产生吸引作用,主要集中在 Y_4、Y_5 处,与无味无播放声音相比,最大靠近了约 1.07 m。可能的原因是,当空间存在某种会对人产生吸引作用的气味时,人们无法立即分辨出嗅源的所在位置,而声音的出现则吸引了人群的注意力,令人们更加明确嗅源的位置,从而导致更为明确的趋向性。研究结果还显示路径的变化趋势均为由 Y_1 至 Y_8 逐渐倾斜上升,可能的原因是距 X_1 左侧约 10 m 处有一门洞,人们来往穿越门洞时产生了一种倾斜的移动趋势。

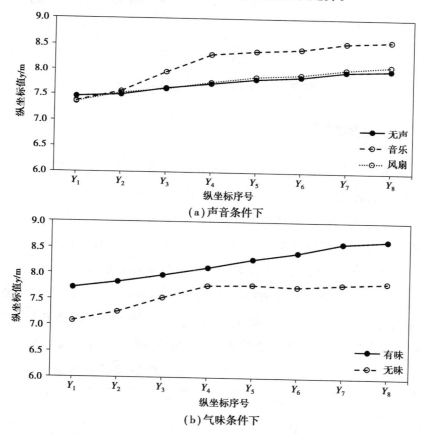

（a）声音条件下

（b）气味条件下

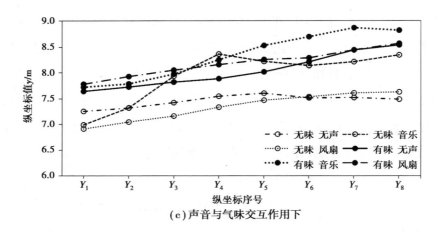

（c）声音与气味交互作用下

图 5-8　路径纵坐标值 y 的估算边际均值

5.2.2　对速度的影响

　　对搜集到的人群路径样本进行速度分析,采用多因素方差分析声音、气味对人群速度的共同作用,结果见表 5-4。研究结果显示声音种类、气味有无两个变量对平均速度的影响均达到显著水平（$p<0.05$）,声音与气味的交互作用未达到显著水平（$p=0.953>0.05$）,即气味和声音因素分别会对人群的速度产生影响,但声音种类与面包房气味有无对人群的速度不存在交互作用。这表明了在不同的声音条件下,有无气味时的人群速度变化趋势不发生改变。同样地,在有气味和无气味的情况下,不同声音条件下人群速度的变化趋势不发生改变。这说明了声音类型和气味的存在与否对人群速度的影响是相对独立的。

表 5-4　面包房气味与声音交互作用下的人群速度多因素方差分析

源	Ⅲ 型平方和	df	均方	F	$Sig.$
校正模型	62.888	5	12.578	7.976	.000
截距	6 353.643	1	6 353.643	4 028.895	.000
声音	56.912	2	28.456	18.044	.000
气味	6.880	1	6.880	4.363	.038
声音 * 气味	.151	2	.075	.048	.953

　　6 种情况下的总平均速度估算边际均值为 1.11m/s,不同情况下平均速度的估算边际均值如图 5-9 所示。在方差分析后,采用 Scheffe 法对具有显著影响因素的不同情况平均速度进行两两比较。图 5-9(a)显示的是仅在声音影响下的人群平均速度,结果显示与无播放声源相比,播放音乐声会显著降低人群速度($p=0.046<0.05$),播放风扇声则会显著提高人群速度($p=0.003<0.01$),音乐与风扇声的影响存在显著差异($p=0.000<0.01$)。图 5-9(b)显示的是仅在气味影响下的人群平均速度,有面包房气味时的人群速度均显著高于无气味时的人群速度,这一行为可能与食物气味能引发食欲相关,本实验的时间在下午,食物气味可能使人们产生了饥饿感,想买面包的人会停下来购买,但没有购买欲望的人则会走得更快。图 5-9(c)显示的是在声音和气味共同影响下的人群平均速度,结果显示无味且有音乐声情况下的人群平均速度最低,而有味且播放风扇声时的人群平均速度最高,两者相差约 0.34 m/s。

　　网格按照从上至下编号,第一行从左至右依次标记为 G_{11} 至 G_{17},以此类推,第五行从左至右依次标记为 G_{51} 至 G_{57},并对每个网格中的平均速度进行计算,结果如图 5-10 所示。对无气味情况,靠步行街边缘行走的人群平均速度高于街道中央的。无施加气味与声音的情况如图 5-10(a)所示,人群速度分布较均匀。无味播放音乐情况如图 5-10(c)所示,人群速度随着距声源越近而逐渐降低,但距声源近处 G_{13} 的平均速度高于 G_{12},其值分别为 0.96 m/s 和 0.77 m/s,可能该处的音乐声压级过大,使人难忍受,从而加快步伐。无味播放风扇声情况如图 5-10(e)所示,距声源较近位置,即 G_{21} 至 G_{27} 的速度较高,其中 G_{24} 和 G_{25} 处的平均速度最高为 1.59 m/s。有气味情况同样为靠街道边缘行走的人群速度较快。有味无播放声音与播放音乐声时的情况如图 5-10(b)和图 5-10(d)所示,人群速度随着距感官源越近而逐渐降低。有味播放风扇声情况如图 5-10(f)所示,距声源与嗅源位置近处速度较高,其余部分速度随着距声源与嗅源越近而逐渐降低。

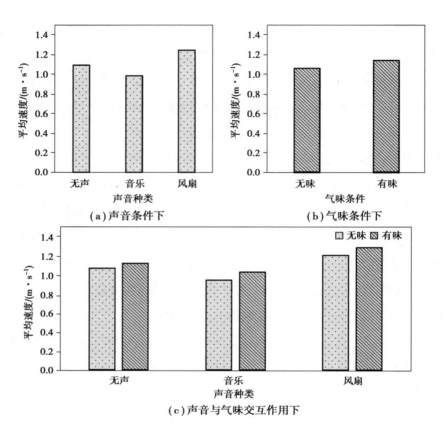

(a)声音条件下   (b)气味条件下

(c)声音与气味交互作用下

图5-9 面包房气味与声音组合下的人群平均速度

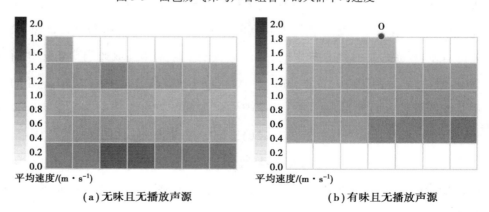

(a)无味且无播放声源   (b)有味且无播放声源

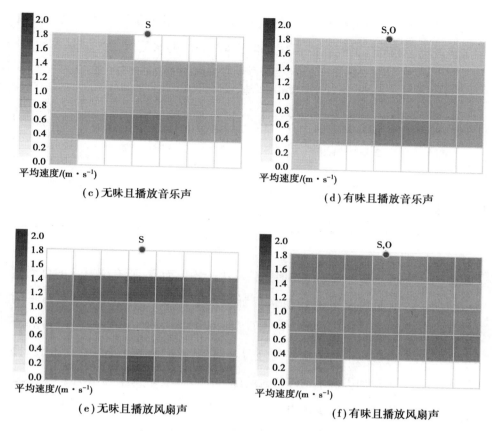

图 5-10　面包房气味与声音组合下的人群平均速度分布

（S 表示声源所在位置，O 表示嗅源所在位置）

5.2.3　对停留时间的影响

对 6 种情况下的人群停留时间进行分析，采用多因素方差分析声音、气味对人群平均停留时间的共同作用，结果见表 5-5。声音、气味因素对平均停留时间的影响分别达到了显著水平（$p<0.05$），气味与声音的交互作用则未达到显著水平（$p=0.824>0.05$），即声音种类与气味有无因素会对人群停留时间产生影响，但声音与气味的交互作用不会影响人群的停留时间。这表明在不同声音条件下，有无气味时的人群停留时间变化趋势不发生改变。同样地，在有气味和无气味的情况下,不同声音条件下的人群停留时间变化趋势不发生改变。这说明了声音类型和气味的存在与否对人群停留时间的影响是相对独立的。

表 5-5 面包房气味与声音交互作用下的平均停留时间多因素方差分析

源	Ⅲ型平方和	df	均方	F	Sig.
校正模型	160 064.204	5	32 012.841	11.809	.000
截距	2 233 571.986	1	2 233 571.986	823.950	.000
声音	145 726.998	2	72 863.499	26.879	.000
气味	11 332.820	1	11 332.820	4.181	.043
气味 * 声音	1 049.275	2	524.638	.194	.824

对于 6 种情况下的平均停留时间估算边际均值而言,所有情况下的总均值为 127.71 s,不同情况下的均值情况如图 5-11 所示。在方差分析后,采用 Scheffe 法对不同显著影响因素下的平均停留时间进行两两比较。图 5-11(a)显示的是仅在声音影响下的人群平均停留时间,结果显示与无播放声源相比,播放音乐声会显著增加人群平均停留时间($p=0.003<0.05$),平均增加了约 30 s。而播放风扇声则会显著减少人群平均停留时间($p=0.001<0.01$),平均减少了约 40 s。音乐与风扇声的影响存在显著差异($p=0.000<0.01$)。图 5-11(b)显示的是仅在气味影响下的人群平均停留时间,有面包房气味时的人群平均停留时间显著长于无气味时($p=0.043<0.05$),平均增加了约 20 s。图 5-11(c)显示的是在声音和气味共同影响下的人群平均停留时间,结果显示无味且播放风扇声情况下的人群平均停留时间最短,而有味且播放音乐声时的人群平均停留时间最长,两者最大相差约 100 s。

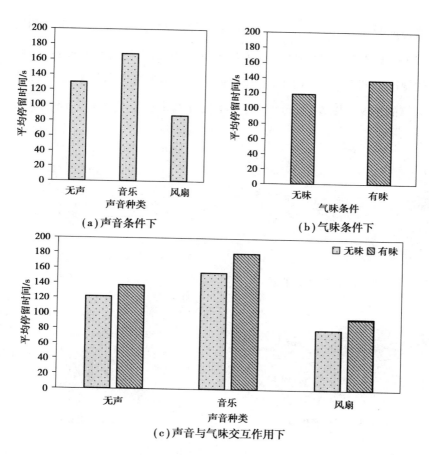

图 5-11　面包房气味与声音组合下的人群平均停留时间

5.3　污染气味与声音的交互作用

5.3.1　对路径的影响

6 种情况下的人群路径分布如图 5-12 所示,无污水气味且未播放声音时的人群路径如图 5-12(a)所示,其分布均匀居中。无味播放音乐时的人群路径如图 5-12(c)所示,其更趋近声源方向,距水边距离则增大。无味播放风扇声时的人群路径如图 5-12（e）所示，其趋于远离声源。在有味无播放声源时的人群路径如图 5-12（b）所示，与无施加气味与声音时相比，路径更远离嗅源；有味播放音乐的情况如图 5-12（d）所示，路径表现为整体距嗅源方向的距离增大；有味播放风扇声的情况如图 5-12（f）所示，其不仅存在上述变化还存在路径远离声源的趋势。

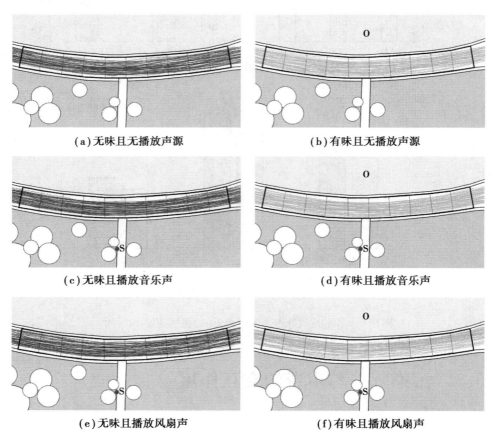

（a）无味且无播放声源

（b）有味且无播放声源

（c）无味且播放音乐声

（d）有味且播放音乐声

（e）无味且播放风扇声

（f）有味且播放风扇声

图 5-12　污水气味与声音组合下的人群路径分布

（S 表示声源所在位置，O 表示嗅源所在位置）

6 种情况下的人群路径范围如图 5-13 所示。无味且无播放声源时的人群路径范围如图 5-13（a）所示，研究区域左右两边的路径范围更靠近边界。无味且播放音乐时的路径范围如图 5-13（c）所示，与无气味且无播放声源情况相比，其路径范围的上边界有向下移动的趋势；无气味且播放风扇声时的路径范围如图 5-13(e)所示，其上下边界均有向上移动的趋势。可能因为音乐对人群产生了一定的吸引作用，但距声源处的声压级过大，扬声器所正对网格的平均声压级为 69.8 dB，使人无法继续靠近。而风扇声会使人群产生远离效果，步行道路宽度小，风扇声的影响会覆盖整个研究范围，体现在整体路径对声源的远离。有气味且无播放声源时的路径范围如图 5-13(b)所示，与无味且无播放声源时相比，路径范围的上边界有向下移动的趋势；有味且播放音乐声时的路径范围如图 5-13(d)所示，其上下边界向下的移动趋势强于有味且无播放声源时；有味且播放风扇声时的路径范围如图 5-13(f)所示，此时下边界的移动趋势最小。

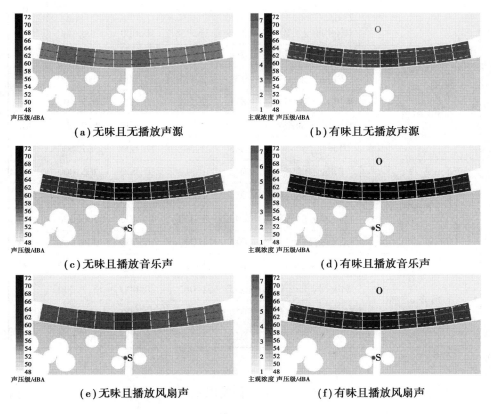

图 5-13　污水气味与声音组合下的人群路径范围

(S 表示声源所在位置，O 表示嗅源所在位置)

以声音种类、气味有无为自变量,采用全因子模型对路径与网格的交点纵坐标值 y 进行重复方差分析,得到的结果见表 5-6。检验结果显示与网格相交的 11 个纵坐标值 y、声音种类均达到显著水平($p<0.01$),气味有无、声音种类与气味有无的交互效果则未达显著水平($p>0.05$)。Mauchly 球形度检验结果显示资料不服从球形假设($p=0.000<0.01$),表明各次重复测量的结果是相关联的。

表 5-6　路径与网格交点纵坐标值 y 的重复方差分析

效应		值	F	假设 df	误差 df	Sig.
y	Pillai 的跟踪	.357	16.958	10.000	306.000	.000
	Wilks 的 Lambda	.643	16.958	10.000	306.000	.000
	Hotelling 的跟踪	.554	16.958	10.000	306.000	.000
	Roy 的最大根	.554	16.958	10.000	306.000	.000
$y*$声音	Pillai 的跟踪	.133	2.187	20.000	614.000	.002
	Wilks 的 Lambda	.871	2.182	20.000	612.000	.002
	Hotelling 的跟踪	.143	2.178	20.000	610.000	.002
	Roy 的最大根	.085	2.598	10.000	307.000	.005
$y*$气味	Pillai 的跟踪	.043	1.362	10.000	306.000	.197
	Wilks 的 Lambda	.957	1.362	10.000	306.000	.197
	Hotelling 的跟踪	.045	1.362	10.000	306.000	.197
	Roy 的最大根	.045	1.362	10.000	306.000	.197
$y*$声音$*$气味	Pillai 的跟踪	.067	1.061	20.000	614.000	.387
	Wilks 的 Lambda	.934	1.062	20.000	612.000	.386
	Hotelling 的跟踪	.070	1.063	20.000	610.000	.385
	Roy 的最大根	.052	1.584	10.000	307.000	.110

如图 5-14 所示为在气味有无、声音种类以及两者共同作用下的路径纵坐标值 y 的估算边际均值,其值越大则说明人群越靠近嗅源或远离声源。图 5-14(a)显示的是仅在声音影响下的路径纵坐标值 y 的估算边际均值,与无播放声

源情况相比,音乐声会对人群路径产生吸引作用,而风扇声则会使人群远离声源方向。图5-14(b)显示的是仅在气味影响下的路径纵坐标值 y 的估算边际均值,有无污水气味情况时的值变化不明显,其变化趋势几乎重合。图5-14(c)显示的是在气味和声音作用影响下的路径纵坐标值 y 的估算边际均值,对于无污水气味的情况而言,与无播放声源情况相比,音乐声对人群会产生吸引作用;风扇声则与无播放声源情况的变化趋势较为类似,Y_5 至 Y_{11} 对应的位置则稍有远离声源的趋势。对于有污水气味的情况而言,与无播放声源情况相比,音乐声对人群有吸引作用;风扇声则会使人群远离声源方向。对于无播放声源情况而言,有污水气味时的人群路径较无气味时更远离嗅源,并且播放音乐声和风扇声时的人群趋近与远离声源的效果更为明显,说明消极的气味会加剧声音对人群路径的影响。结果还显示路径的变化趋势均为由 Y_1 至 Y_{11} 的值逐渐降低再上升,可能的原因是测试区域本身为弧形,并且人群习惯性远离水源行走,从而使6种情况下人群的路径趋势较为一致。

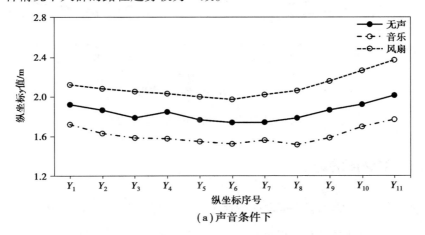

(a)声音条件下

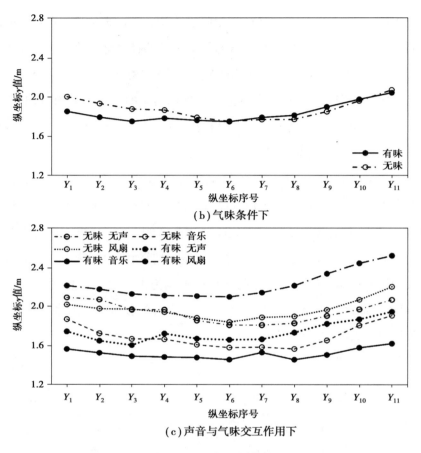

（b）气味条件下

（c）声音与气味交互作用下

图 5-14　路径纵坐标值 y 的估算边际均值

5.3.2　对速度的影响

对搜集到的人群路径样本进行速度分析，采用多因素方差分析声音、气味对人群速度的共同作用，结果见表 5-7。结果显示声音种类、气味有无两个变量对平均速度的影响均达到显著水平（$p<0.05$），声音与气味的交互作用未达到显著水平（$p=0.948>0.05$），即声音和气味因素分别会对人群速度产生影响，但声音种类与污水气味有无对人群速度不存在交互作用。这说明声音类型和气味的存在与否对人群速度的影响是相对独立的。

表 5-7　污水气味与声音交互作用下的人群速度多因素方差分析

源	III型平方和	df	均方	F	$Sig.$
校正模型	13.831	5	2.766	3.508	.004
截距	8 331.464	1	8 331.464	10 565.574	.000
声音	10.476	2	5.238	6.642	.001
气味	3.200	1	3.200	4.058	.045
声音 * 气味	.085	2	.042	.054	.948

　　6 种情况下的总平均速度估算边际均值为 1.34 m/s,不同情况下的平均速度的估算边际均值如图 5-15 所示。在方差分析后,采用 Scheffe 法对具有显著影响因素的不同情况的平均速度进行两两比较。图 5-15(a)为仅声音影响下的人群平均速度,结果显示音乐声与无声($p = 0.244 > 0.05$)、无声与风扇声($p = 0.157 > 0.05$)不存在显著差异,但两组之间存在显著差异($p = 0.000 < 0.01$),与无播放声源相比,音乐声会降低人群速度,风扇声则相反,且两者的影响存在显著差异($p = 0.001 < 0.01$)。图 5-15(b)显示的是仅气味影响下的人群平均速度,有气味时的人群平均速度显著高于无气味时。可能是因为污水气味对人产生了消极影响,从而使人走得更快。图 5-15(c)为声音和气味影响下的平均速度,结果显示无味有音乐时人群平均速度最低,而有味播放风扇声时的人群平均速度最高,相差约 0.17 m/s。

　　网格按照从左至右依次标记为 G_1 至 G_{10},对每个网格中的人群平均速度进行计算,结果如图 5-16 所示。无污水气味以及有污水气味时每个网格的人群平均速度分别为 1.3 m/s 和 1.4 m/s。无播放声源时,无味与有味的人群平均速度分布分别如图 5-16(a)与图 5-16(b)所示,其分布较均匀。播放音乐时,无味与有味的速度分布分别如图 5-16(c)与图 5-16(d)所示,近声源处速度较小,最低人群平均速度均在 G_5 处,之后随着离声源距离的增加,人群平均速度从 G_5 向两侧逐渐加快。无气味时最小人群平均速度为 1.1 m/s,最大平均速度为

1.35 m/s;有气味时最小人群平均速度为 1.2 m/s,最大平均速度为 1.4 m/s。播放风扇声时,无味与有味的人群平均速度分布分别如图 5-16(e)与图 5-16(f)所示,近声源处速度较大,最大人群平均速度均在 G_4、G_5、G_6 处,之后随着离声源距离的增加,人群平均速度从 G_4 和 G_6 向两侧逐渐加快。无气味时最小人群平均速度为 1.3 m/s,最大人群平均速度为 1.5 m/s;有气味时最小人群平均速度为 1.4 m/s,最大人群平均速度为 1.5 m/s。

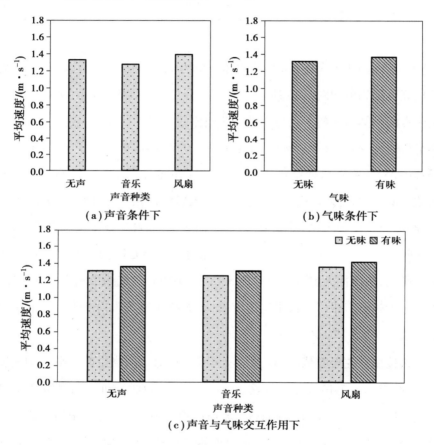

(a)声音条件下

(b)气味条件下

(c)声音与气味交互作用下

图 5-15　污水气味与声音组合下的人群平均速度

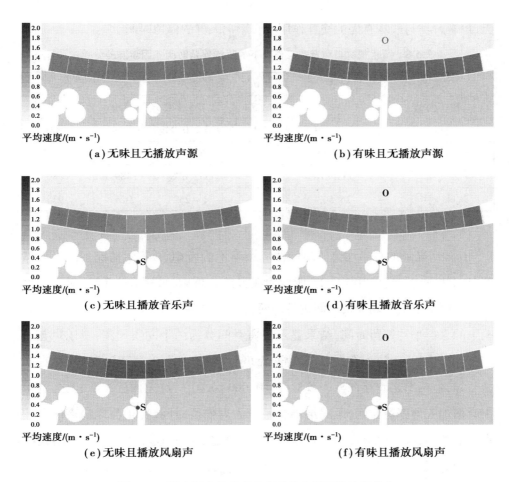

图 5-16　污水气味与声音组合下的人群平均速度分布

（S 表示声源所在位置，O 表示嗅源所在位置）

5.3.3 对停留时间的影响

对 6 种情况下的人群停留时间进行分析，采用多因素方差分析声音、气味对人群平均停留时间的共同作用，结果见表 5-8。结果显示声音因素对平均停留时间的影响达到显著水平（$p=0.031<0.05$），气味、气味与声音的交互作用则未达到显著水平（$p>0.05$），即声音种类会对人群停留时间产生影响，但气味有无、声音种类与气味有无的交互作用不会影响人群的停留时间。

表 5-8　污水气味与声音交互作用下的平均停留时间多因素方差分析

源	Ⅲ型平方和	df	均方	F	Sig.
校正模型	5 676.102	5	1 135.220	1.559	.178
截距	425 770.949	1	425 770.949	584.698	.000
声音	5 244.989	2	2 622.495	3.601	.031
气味	355.878	1	355.878	.489	.486
气味*声音	36.503	2	18.252	.025	.975

　　6 种情况下的总平均停留时间估算边际均值为 61 s,不同情况下的平均停留时间估算边际均值如图 5-17 所示。在方差分析后,采用 Scheffe 法对不同显著影响因素下的平均停留时间进行两两比较。图 5-17(a)显示的是仅在声音影响下的人群平均停留时间,结果显示停留时间分为两个同质子集,音乐声与无声($p=0.354>0.05$)不存在显著差异、无声与风扇声($p=0.455>0.05$)不存在显著差异,但两组之间存在显著差异($p=0.000<0.01$),与无播放声源相比,音乐声会增加人群停留时间,风扇声则会减少人群停留时间,音乐与风扇声的影响存在显著差异($p=0.031<0.05$)。图 5-17(b)显示的是仅在气味影响下的人群

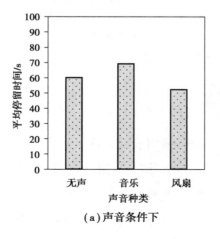

（a）声音条件下

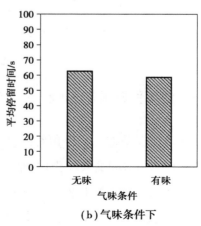

（b）气味条件下

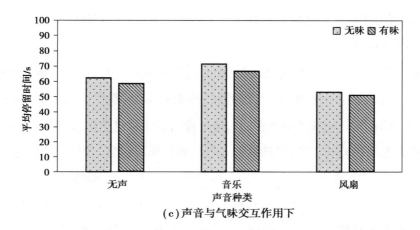

图 5-17　污水气味与声音组合下的人群平均停留时间

平均停留时间,有气味时的人群平均停留时间短于无气味时,平均减少了约 3.5 s。图 5-17(c)显示的是在声音和气味共同影响下的人群平均停留时间,结果显示有味播放风扇声情况下的人群平均停留时间最短,而无味播放音乐声时的人群平均停留时间最长,最大相差约 20 s。

5.4　本章小结

本章通过在具有典型嗅听因素组合的城市公共开放空间中进行的隐蔽行为观察实验(植物气味与交通声、食物气味与音乐声和风扇声、污染气味与音乐声和风扇声),研究了声音和气味的交互作用对人群行为(路径、速度、停留时间)的影响,主要得到以下结论:

对于植物气味与声音的交互作用而言,结果显示对人群路径,与低声压级交通声情况相比,高声压级交通声时的路径分布更为均匀且集中。无论低声压级还是高声压级,随着丁香花气味浓度的逐渐升高,人群均会被嗅源吸引,而且这种吸引效果逐渐增强最终趋于稳定,其中高声压级情况下这种趋势更为明显。对人群平均速度,在高声压级交通声情况下,随着丁香花气味从无到有,从清淡至浓郁,人群平均速度逐渐降低之后趋于稳定,而低声压级交通声情况下的人群平均速度几乎无变化。

对于食物气味与声音的交互作用而言,结果显示对人群路径,播放音乐声会对人群有显著吸引作用,此时人群路径更为聚集,其路径范围的下边界有向声源移动的趋势。播放风扇声时的人群路径则趋于远离声源,人群路径范围的上边界有远离声源的趋势,但其影响效果不如音乐声明显。声音与气味是存在交互作用的,体现在有面包房气味时,人群会趋近嗅源,在播放声音后,无论是积极的还是消极的声音,都会使这种趋势更明显,其中音乐声的影响效果依然更强。对人群平均速度,与无施加声源相比,音乐声会显著降低人群平均速度,距声源越近处越低;风扇声会显著提高人群平均速度,距声源越近处的越高。有面包房气味时的人群平均速度均显著高于无气味时的,人群平均速度随着离声源与嗅源距离越近而逐渐降低。声音与气味对人群平均速度的交互作用并不显著。靠步行街边缘处的人群平均速度高于街道中央。对人群停留时间,音乐声会显著增加人群停留时间,而风扇声则会显著减少人群停留时间,面包房气味会显著增加人群停留时间。声音和气味的交互作用不会影响人群停留时间。

对于污染气味与声音的交互作用而言,结果显示对人群路径,音乐声会对人群有显著吸引作用,人群路径范围的上边界有向声源移动趋势,风扇声则会使人群产生远离效果,人群路径范围的上下边界均有远离声源趋势。有污水气味时的人群路径较无气味时会更远离嗅源,并且在播放音乐声和风扇声后,人群趋近与远离声源的效果更为明显,说明消极的气味会加剧声音对人群路径的影响。对人群速度,音乐声会显著降低人群平均速度,风扇声则会显著提高人群平均速度,有污水气味时的人群平均速度显著高于无气味时。声音与气味对人群平均速度的交互作用并不显著。对人群停留时间,音乐声会显著增加人群停留时间,而风扇声和污水气味则会显著减少人群停留时间。声音和气味的交互作用不会影响人群停留时间。

第6章 城市公共开放空间嗅听交互环境设计策略

本章基于前述研究结果，建立城市公共开放空间嗅听交互环境设计的理论模型，并提出总体设计目标与原则；归纳出嗅听交互环境的设计目的及基本方法；从感官源种类及其安全性阐述如何选择嗅听要素；从嗅听要素与环境的角度提出总体调控原则；针对嗅听要素提出其组合与布局的具体策略；提出基于关注使用者行为的嗅听交互环境设计策略。

6.1 理论模型的建立以及总体设计目标与原则

6.1.1 嗅听交互环境设计模型的建立

城市公共开放空间嗅听交互环境设计的理论模型见图6-1。

6.1.2 提高嗅听交互设计意识

在城市公共开放空间嗅听交互现状调查中的感官漫步结束后，令被试对嗅听交互作用下的感官因素预判进行评价，具体包括感官因素的重要性评价排序、嗅听因素对彼此的主观影响程度评价。之所以在感官漫步后令其进行评

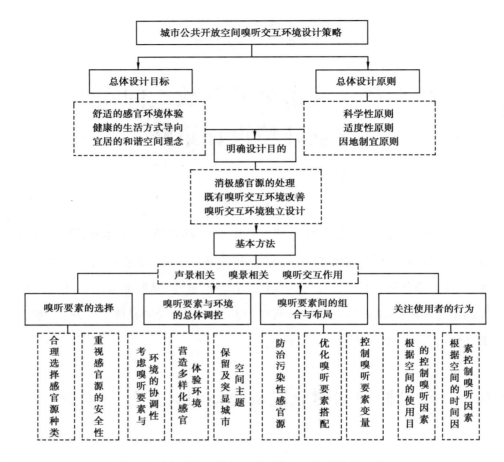

图 6-1　城市公共开放空间嗅听交互环境设计理论模型

价,是防止被试对这两部分内容进行先入为主的思考,从而影响其对感官源与感官环境的真实评价结果。感官因素的重要性评价排序部分的研究显示(3.3.1),认为视觉在感知城市中最为重要的结果与预期吻合,其选择所占比例最高,当人们对空间环境进行感知时,通过视觉获取到的信息往往最多,并且其所带来的体验最为直接,这一点从现有的研究成果来看毋庸置疑。听觉与嗅觉分别排在第二和第三位,这验证了听、嗅觉在对环境感知中起到的作用同样不容忽视。

　　而感官因素之间不是独立存在的,嗅听因素的主观影响程度评价结果显示(3.3.2),大部分人认为声音与气味对彼此的感知存在影响,但是仍有约 1/4 的参与者对嗅听因素对彼此感知的影响是没有意识的。而在认为有影响的被试中,选择声音会增强气味感知的比例与选择声音会削弱气味感知的比例几乎均等,同样选择气味会增强声音感知的比例与选择气味会削弱声音感知的比例相差不多,认为具有削弱效果的比例稍微高一些,并且被试均认为这种增强或削弱效果的明显程度为适中。而感官漫步的感官源与感官环境评价(3.1.3,3.2.1,3.2.2),以及实验室的嗅听因素对彼此强度感知的分析(4.1.4,4.2.4)均表明,嗅听因素对彼此感知是存在影响的,这种影响在强度上体现为一种削弱效果。在城市公共开放空间的管理及设计中,相关人员应提高对嗅听效应的认识,提高对嗅听交互环境的主动设计意识,明确并善于利用嗅听因素对彼此感知的影响趋势进行相关设计,为城市公共开放空间使用者提供更优质的嗅听交互体验。

6.1.3　总体设计目标

(1)舒适的感官环境体验

"舒适"的解释为身心感到舒服安逸,舒适的体验是多方因素共同作用的结果,包括物理的、生理的、心理的、社会的、历史的、经济的等,使人们在心里产生满足感,进而使他们心情舒畅,生活质量和工作效率得到提高。随着生活水平的提升,人们对居住环境的需求不再仅满足于最基本的"栖身之所",人们的环境意识逐渐加强,舒适成为人们最根本且最普遍的追求。从众多关于城市环境的相关研究中可知,舒适度往往是最核心的研究方向之一,也是最基本且最常用的评价指标。在城市公共开放空间中,舒适的感官环境体验会直接影响整个空间的质量与品位,因此从嗅听交互的角度考虑声音、气味、人、环境四者的关系,为使用者提供舒适的感官体验成为城市公共开放空间嗅听交互总体设计的根本目标之一。

（2）健康的生活方式导向

健康是指在身体、精神、社会和道德方面都处于良好的状态。影响健康状态的因素复杂且多样，它涉及个人行为、精神因素、物质因素、文化背景、社会环境等[205]。近年来，公众健康问题十分普遍并越发严重，医疗卫生领域仅凭一己之力已无法改善公众健康，越来越多的人开始关注城市环境的健康发展，健康城市、健康建筑等理念在这样的背景下应运而生。城市环境对健康的影响举足轻重，只有全社会联手，共同优化、创造健康的城市生活环境，促进城市中的人们在物质、精神、社会和文化方面拥有健康的生活与交流方式，才能达到促进公众健康的目的。在2019年的第一届健康建筑大会上，关于声景研究的相关报告表明，对于营造更有利于人体健康的城市环境而言，感官因素的作用越来越被人们所重视。嗅听环境作为城市感官环境的重要组成部分，其设计应该以促进健康为目标导向，承担更广泛的健康作用与责任，把营造健康的城市嗅听交互环境作为落脚点。

（3）宜居的和谐空间理念

宜居指日常生活环境满足人们的适宜性需求，这里不仅指居住，还涉及生活的方方面面。如今，城市发展模式千变万化，但始终围绕着"宜居"。而一个宜居的城市需要在居住空间、生态环境、社会环境等多方面达到良好。城市中的公共开放空间直接反映了城市居民与生活、自然、社会环境之间的和谐共处局面，一直是宜居城市关注的重点。作为城市公共开放空间的核心研究方向，城市感官环境设计已成为衡量其是否宜居的重要方面之一，它既强调城市感官元素的多样性，又注重感官元素彼此间的协调性，与宜居城市的设计及营造密切关联。

6.1.4 总体设计原则

（1）科学性原则

感官环境研究领域需遵循的一项基本原则就是科学与系统的调查研究。

城市公共开放空间嗅听交互环境设计需要通过合理科学的调查研究,对当地的自然与人文情况进行调研,从多方面搜集各种数据,在调研中记录好现场情况、了解民意。还需要有明确的设计目标与主题思想,并逐步落实,同时需要遵从嗅听交互效应的基础理论和方法,强调声音与气味因素整体及其内部的联系,以此来指导城市公共开放空间的宏观以及微观层面的设计,并根据空间既有环境特点,加以协调,每一步都做到有据可循,不能先建造后治理。人们在城市中生活、居住、工作,还需要全面考虑人的活动,以及人工与自然环境的协调性,保证人与自然的和谐,创造出具有科学性的嗅听交互环境。

（2）适度性原则

适度性原则是根据过度设计提出来的。对于适度设计而言,设计者需要考虑如何满足使用者的需求、如何协调现有环境的条件以及契合设计主题,逻辑性在这里非常重要。对于过度设计而言,这里是指设计者常常为了设计而设计,为彰显个性而创造噱头,忽视或超过大众整体上的实际需求,或过于复杂,违背设计的初衷而导致适得其反。例如,在日常各类设计中,设计者往往对视觉方面过度设计。在城市公共开放空间的嗅听交互设计中要遵循适度性原则,例如,要考虑嗅听因素彼此间的交互效应,不要将过多的声音或气味种类杂糅,或者一味地去除毫无保留,做到既不致烦琐,又不流于单纯乏味。不要盲目提升声音与气味强度,不要为过多营造某种声音或气味环境而造成铺张浪费。不要特意为了创造噱头而引入一些小众且引人不适的声音与气味。适度的设计应该顺应自然与社会,满足人们的需求,并且成为城市公共开放空间嗅听交互设计必须遵循的基本原则,唯有如此才能保证城市的个性品位。

（3）因地制宜原则

因地制宜原则需要根据当地的人群类别、气候条件、功能分区、使用时间、主题设定、行为需求等方面,选取适宜的声音与气味作为主要的嗅听交互环境的设计元素。对地域性较强的区域,应坚持发挥本地特有的声音与气味特色,适当引入适宜的非本地嗅听感官因素,处理好声音与气味自身与彼此间的协同、共生、掩蔽等关系,以及环境整体与空间局部的关系。在设计时不要盲目,当想利用嗅听交互彼此间的效应来达成某种设计意图时,要明确其目的是重新进行独立设计还是改善既有现状等,并与其他设计方式进行权衡。例如,当利用嗅听因素彼此间的掩蔽效应来缓解噪声烦扰时,通过引入植物芳香气味的具体措施,需权衡与其他降噪措施相比,在区域内种植芳香植物是否是适合该区域的最佳方案。遵循因地制宜原则,努力使其形成有规律、有功能、层次分明、注重细节、考虑成本、有地域特色的城市公共开放空间嗅听交互环境,最大限度地发挥其使用效益。

6.2 根据设计目的选择设计方法

6.2.1 明确设计目的

在城市公共开放空间的嗅听交互环境设计之初首先要明确设计目的,完善初期定位构想,之后则要根据设计目的选择设计方法。设计目的具体包括消极感官源的处理、既有嗅听交互环境的优化、嗅听交互环境的独立设计。

(1)消极感官源的处理

对目前存在的城市公共开放空间中的消极声音与气味进行消除或削弱处理,从而缓解其负面作用。

(2)既有嗅听交互环境的改善

对既有的城市公共开放空间进行嗅听交互环境改造,以使整个空间的嗅听环境彼此之间以及其与整体环境之间达到和谐与舒适的最终目的。

(3)嗅听交互环境的独立设计

对城市公共开放空间的嗅听交互环境进行全新的规划及设计,通过合理运用自然、人文环境的特点以及人工装置对嗅听因素进行组合搭配,来打造令人舒适、与环境相协调、具有特色的嗅听交互环境。

6.2.2　嗅听交互设计的基本方法

城市公共开放空间的声景设计一般分为正设计、负设计和零设计。正设计是在既有的声景中引入新的声音元素，具体来说是在设计对象中加入或强化喜好度高、与整体环境相协调的或者使用者希望听到的声音。负设计是指删去声景中使人不舒适、与周围环境不协调的、不必要的声音元素。零设计则是指对声景按既有的状态进行保护，不作任何改动。

城市嗅景的设计方法可以归纳为分离、除味、掩蔽、加香[76]。分离在城市嗅景的管理、控制和设计中十分关键，它涉及气味按其产生的活动类型进行的空间分离、通过置换分离气味、通过通风等机械手段将气味与源头分离，以及气味的暂时性分离。除味的主要目的是去除或减少环境中的灰尘、垃圾等污染性气味，是废物收集、清洁和维护活动，目的是清除城市表面的气味来源。掩蔽是指通过新引入的气味与原有气味相混合，从而产生一种新的气味，这里的掩蔽与气味质量相关，而非气味强度。加香是指引入额外的芳香气味。

除声景与嗅景自身的设计方法，还可以利用嗅听要素之间的交互作用进行设计。根据实验室研究结果，可以通过引入正面评价的声音（或气味）刺激来提高原有的气味（或声音）的感受评价，以及利用嗅听感官间的掩蔽效应来削弱某种嗅听感官刺激的影响，即通过增大声音（或气味）的强度，来削弱气味（或声音）的感受。

6.3　嗅听要素的选择

6.3.1　合理选择感官源种类

1）声源种类的选择

在城市公共开放空间嗅听交互现状调查中的感官漫步结束后，令被试对嗅听交互作用下的感官期望进行描述,具体包括希望与不希望在城市公共开放空间听见的声音以及闻到的气味。嗅听交互作用下的声期望结果(3.4.1)显示,人们对自然声最为期待,所列出的自然声种类最多,而最不希望听见的声音中人工声被列出最多。总体而言,虽然影响声景的因素很多,但是大部分研究结果均显示人们对自然声最为青睐,以及自然声给人们带来的舒适度最高。人们对人工声则较为反感,对人为声的态度较为中性。目前研究已经证明,相较于城市中其他类型声音,自然声对心理健康的促进作用最显著,具体体现在对记忆的促进作用、对压力的缓解作用等[206]。但是随着城市化进程的加快,城市内的自然声在逐渐减少。

在城市公共开放空间中,音乐声作为典型声源受到人们的欢迎。在声期望研究中,音乐声在城市中最希望被听到。音乐的种类丰富,形式多样,不同的曲风、语言、节奏、音量等因素均会使人产生不同的情绪、心理及生理反应。对不同风格的音乐,大部分人的感受是相似的,音乐会给人们带来丰富的内心体验。例如,轻柔舒缓、慢速的音乐使人平静,节奏鲜明、快速的音乐会引起欢乐、积极的心态,这种正向情绪的感受性会更强[207]。

研究结果显示,有部分被试期望在城市中听见交谈声,这给他们带来了安全感(3.4.1),说明人们期望在城市中听见的声音并不一定是评价正面的,那些与所在环境相协调、契合的人为声同样需要在设计中进行考虑。

交通声、施工声、机械振动声等人工声是人们最不愿意听到的声音,它们在声景中的评价往往是令人不舒适、不愉悦,而且所带来的负面影响有时与声压级无关,并不是声压级越大,给人带来的不适就越强烈,它们在一定程度上会影响人的健康。

在利用嗅听交互效应进行城市公共开放空间的嗅听交互环境设计时,无论是对既有环境进行改造还是重新设计,在明确设计目的后,当需要引入、保留声源时,可以优先考虑自然声,同时考虑引入接受度高、喜好度高、合适的音乐声,以及与环境相协调、契合的人为声。为了设计目的需要去除声源时,则主要考虑给人带来反感的人工声。

2）嗅源种类的选择

嗅听交互作用下的气味期望结果（3.4.2）显示，人们对来自自然界的气味最为偏好，食物气味其次，最不希望闻见的气味中污染气味被列出最多。研究结果证明，与其他气味相比，植物气味最受人们喜爱。芳香植物分为人工栽培的与野生的，它们可以释放芳香气味，并且可以提取芳香精油，有些芳香植物还具有药用价值。据不完全统计，世界上有 3 600 多种芳香植物。我国的芳香植物种类十分丰富，现已发现的芳香植物有 70 余科 200 属 800 多种，其生长范围广泛，几乎遍及全国各地，香型较齐全，如薰衣草、紫罗兰、薄荷、留兰香、桂花等[208]。植物的芳香气味会改善人的情绪以及心理、生理状况，由此产生了芳香疗法。有研究指出，芳香分子会影响人的神经系统与荷尔蒙系统，对高血压、心血管疾病、肝硬化、神经衰弱等症状均有一定的辅助治疗作用[209]。

食物在人们的日常生活中扮演着极其重要的角色，与城市环境中的污染气味不同，食物气味具有使人愉悦和厌恶的双重潜力，其所附加的含义是可变的，在不同的时间、地点以及人的影响下均会唤起不同的情感。考虑到食物提供能量和营养的生理功能，个体的身体状态和饥饿感可能对食物气味的感知产生重大影响。例如，当人们饥饿时，某些食物气味会对人们产生特别的吸引作用，但是当人们已经饱腹或身体状况不佳时，食物气味可能会使人产生不适。

污染气味是人们最不愿意在城市中闻到的气味，主要包括汽车尾气味、下水道味、垃圾味等，污染气味是在城市中受到最多抱怨的，其会对人的生理、心理、情绪等产生负面影响。

在利用嗅听交互效应进行城市公共开放空间的嗅听交互环境设计时，当需要引入、保留嗅源时，可以优先考虑自然界的气味，以植物芳香气味为主，同时考虑引入接受度、喜好度高的食物气味，并且考虑由就餐时间因素产生的影响。为了设计目的需要去除嗅源时，则主要考虑污染气味。

6.3.2　重视感官源的安全性

设计时不会主动引入一些交通噪声或下水道气味这种具有污染性的负面评价的声音和气味类型,这类感官因素应当被治理,这里不作赘述。而设计时考虑引入较多是中性或正面评价的声音或气味种类,出于安全性的考虑,主要针对新引入的非负面的声音或气味类型进行阐述。

1)声源的安全性

从环境保护的角度,对人们日常工作、学习和休息产生干扰的声音,和一切人们不想听到的声音都属于噪声。噪声对人的危害是多方面的,主要体现在生理和心理方面,具体包括影响活动、交谈与睡眠;引发心血管系统疾病,包括使人血压升高、荷尔蒙分泌异常等;以及影响神经系统,导致焦躁、易怒等,甚至导致精神疾病等。

由此可知,即使是非负面评价的声音类型也可能成为噪声,对其最根本的控制措施就是控制声压级,并将其控制在安全范围内。当音量过大时,即使是悦耳动听的声音,同样会使人听觉迟钝。20 dB 是人能听到的最微弱的声音音量,轻声耳语的音量为 20~40 dB,人类正常交谈的音量为 40~60 dB。当音量超过 60 dB 时就会使人感到吵闹,当音量超过 70 dB 时,人的听力神经就会受到损害,90 dB 以上的音量会令人听力受损。100~120 dB 的音量 1 min 就会令人暂时性失聪,而当人耳突然受到 140~150 dB 以上的声音刺激时,就会产生急性外伤,只一次就可致聋。

除此之外,一些声音自身的特性也需要考虑,对于音乐声而言,当节奏过强时,如摇滚乐等会极大地影响人的判断力以及行动等,严重时会导致休克、神经错乱,不要选择一些过于刺激的声音。

2)嗅源的安全性

恶臭气体污染是一种会对人的嗅觉造成刺激,导致消极的情绪和对生活环境造成危害的物质,其会给人心理上带来强烈的不适,导致烦躁、焦虑、注意力无法集中,从而引发如嗅觉失衡、食欲不良、情绪失控等一系列症状。此外,恶臭气体可能具有毒性甚至致命,尤其是当其浓度达到一定值时。人们会对臭味避之不及,而对香味却常常放松警惕。即使是令人喜欢、愉悦的气味,当其浓度过大时,依然会给人带来身心不适,导致头晕、咳嗽、恶心等,严重时甚至致命。

除了恶臭气体,其他气味也可能具有一定的毒性,过度吸入会损害健康。对于芳香植物而言,某些花香会对人产生危害,例如,夜来香会在夜晚释放大量芳香物质,对心脏病以及高血压患者造成胸闷、呼吸不畅;郁金香气味中的毒碱会使人头晕,甚至造成毛发脱落,当在充满其香气的房间停留 2～3 h,就会产生中毒症状;紫荆花所产生的花粉停留在人身上过长时间时,会引发人的哮喘症;百合花释放的芳香物质会作用于人的神经中枢,导致过度兴奋而造成失眠;松柏类植物的香气会刺激人的消化系统,使人头晕恶心,影响孕妇的情绪;洋绣球花产生的物质与皮肤接触后,会导致皮肤瘙痒等。还有些气味会使人产生过敏反应,所引发的症状主要有过敏性鼻炎、头痛、头昏等,有报道显示有的人对鱼腥味过敏而最终死亡。

设计时需将气味控制在一定的安全浓度范围内,对所引入气味的安全性作好前期资料查阅与调研,不要选择未研究过的小众、非常规的刺激性气味。研究显示对不熟悉的气味,人们会产生紧张、警惕的心理。

6.4　嗅听要素与环境的总体调控

6.4.1　考虑嗅听要素与环境的协调性

感官漫步与实验室研究调查了人们对城市公共开放空间嗅听交互环境中的声音、气味与整体环境的感受及态度(3.1.3,3.2.1,3.2.2,4.4.2)。结果表明,无论对单独的声音与气味评价还是整体声环境与气味环境评价,协调度与舒适度均存在较大的正相关性,当环境中各要素相协调时,人更容易于作出积极的评价。对于协调度而言,声音与气味对其的影响效果较为均等。

在嗅听交互环境设计中,嗅听要素彼此间存在的交互效应使得空间使用者的感知发生变化,利用此点可以达到某些特定的设计目的,但是嗅听要素彼此应做到互相协调,才能更好地满足人们的舒适度需求。与某些感官要素组合不同,如视听要素,视觉占据主导地位,设计时可以有所取舍,在嗅听交互环境设计中,需要对声音和气味同等对待,才能更加协调。

除此之外,声音与气味要素还应与其他感官要素相协调一致,并且要和周边的景观、地形、建筑进行协调,避免嗅听要素与周围的环境产生格格不入感,才能令嗅听交互效应得到最佳的发挥。声音和气味与环境间的协调度研究结果显示(3.1.3,3.2.1,3.2.2),对于声音而言,在步行街和公园中,交谈声和音乐声与环境的协调度较高;对于气味而言,步行街中的面包房味以及饭店油烟味与环境协调度较高,公园中的草木气味与环境协调度较高。由此可知,对人文性的空间,可以考虑引入人工的气味,而自然性空间则更适合自然性的气味,但是人为声与音乐声对空间的适用性较高,设计时可以考虑在城市开放空间中引入适当的音乐声,并设置人群活动区从而增进使用者的交流。交通声、下水道气味等与环境的协调度均较低,说明对消极的声音与气味刺激,需要进行控制。在此基础上,新引入的声音与气味对既有环境要素的后续影响,是否会产生冲突以及如何解决是一个值得关注的问题,其需要在实际设计后进行长期的系统化调查与深入研究,并对设计要素进行完善与调整。

城市公共开放空间需要吸引人至此活动,促进参与及交流行为,可以通过嗅听环境设计吸引人们的注意力,设计时需一定的审美及趣味,在设计中不能为追求协调而枯燥乏味,同时不要为彰显趣味而表现出庸俗另类。

6.4.2　营造多样化感官体验环境

城市公共开放空间中嗅听交互环境的营造需要以人为本,以声音和气味为媒介,并辅以合理的设计,提高城市环境的多元感,对城市的面貌及今后的发展十分重要。在设计上主要体现在声音与气味种类、数量、布置上的多样化,以及感知维度上的多样化,从而为城市公共开放空间的使用者提供丰富的感官体验以及新鲜感。

首先,空间中的声音和气味从数量、种类上要多种多样,同时注意不要在空间内混合设置过多嗅听要素,避免过于混乱,要考虑感官要素之间的反应与作用,例如,某些气味相混合会形成新的气味,或是某种气味会对其他气味产生掩蔽作用。

其次,需要注意的是感知维度的多样性,随着研究的深入,声景与嗅景的感知维度与评价指标逐渐丰富,涵盖范围更广。虽然舒适度一直是最重要、最基本的评价指标,但其他指标为设计提供了进一步的针对性与指导性。本研究中对声景与嗅景的评价各涉及了 4 个维度,涵盖了满意度、强度、波动性(动态性)、社会因素,各包含了 11 个评价指标。研究发现(3.2.1,3.2.2,3.2.3),声环境评价与气味环境评价具有正相关性,由此可知,舒适的声环境与气味环境给人的感受具有联动性。为了营造更舒适的嗅听整体环境,应选择给人带来愉悦感受的,与整体环境相协调的,同时受欢迎的声音与气味,如草木气味、面包房气味、咖啡气味、鸟鸣声。对于声音而言,不要选择刺耳的、音量大的,以及特别令人兴奋的声音,如广播声、交通声等;对于气味而言,则应营造一种自然清新的、给人洁净感的、多样化的感觉,而不要选择刺激性的、令人烦躁的、给人肮脏感觉的气味。

6.4.3　保留及突显城市空间主题

体验经济时代下,人们更强调自身的感受性满足与心理体验。越来越多的主题公园、主题宾馆、主题餐厅、密室逃脱、5D 电影等以体验为核心的项目应运而生,这些体验因人而异,通过"感受"来传递,以感官印象的方式留在人们心中,项目所涉及的感官越多,就越让人难以忘怀。对城市公共开放空间,基于生活和情境打造感官环境,让人们在使用中获得巨大的愉悦感,不仅可以为使用者提供舒适、难忘的空间体验,而且有助于塑造有主题、有特色的城市面貌。城市公共开放空间作为一个整体的感官要素配置空间,无论具体的空间种类如何,都要根据感官要素的种类、强度、分布、呈现方式等,做到主次分明、突出重点。

不同的声音与气味带来的感受是不同的,在设计中需依据空间的功能来确定声音与气味的基调及种类,强化空间的属性。人作为城市空间的使用者,首先应该被考虑。例如,对以老年人为核心使用人群的空间,适合采用舒缓的自然性声音与气味,如鸟鸣声、柔和的音乐、花香气味等。对以儿童为核心使用人群的空间,适合采用具有活力的声音与气味,如鸟鸣声、儿歌声、面包气味、烤肠气味等,从而引起儿童的好奇心。对使用群体类别较广的空间,适合采用具有特色的地域性及文化性的声音与气味,加深空间记忆性与归属感,具体体现在地区的历史文化、自然风貌、饮食特色、建筑功能等方面。例如,海滨城市可以运用海浪声与海洋气味;藏区可以运用诵经声、焚香气味等。在本研究中,烤红肠是哈尔滨市当地的特色食物,其在步行街中的气味评价是最高的。值得注意的是,现如今"千城一面"现象不仅体现在视觉的城市外观上,其他感官也在城市化的进程中逐渐失去其特色。个体间有差异性,如有人喜欢的颜色,其他人却不喜欢,无法统一便选择中立的白色;有人喜欢花香,有人却无法忍受,便什么气味都消除;有人觉得抽陀螺的声音新奇有趣,有人觉得无比恼人,于是一切活动都禁止。这一切造成了城市多方面、多维度的"千城一面",因此急需对当地的声标与嗅标进行重点保护,发掘城市特色,不要盲目追求中立。

6.5　嗅听要素间的组合与布局

6.5.1　防治污染性感官源

（1）规划层面

在明确设计目标的基础上，要注重感官源的搭配。对于城市公共开放空间的嗅听交互环境的全新规划及设计而言，在规划层面需要进行合理的选址，避免选择受噪声及污染气味影响的区域，如避免选择紧邻城市主干道、火车站、机场等噪声较强的区域，避免在散发气味的工厂、垃圾站等污染性区域的下风向选址。在选址时，如果区域内已存在具有污染性的感官源时，无论是对需要重新设计的还是需改造的既有空间，主要考虑的是去除令人不舒适、与环境不协调、不必要的消极声音与气味源头，在无法去除的情况下考虑对污染性区域进行分离或集中设置，做到"污染与洁净分区"。同时考虑嗅听感官间的掩蔽效应，在受污染区域增设积极的感官源。例如，对紧邻街道且交通噪声较大的公共开放空间，可以考虑把对噪声不敏感、释放气味的餐饮空间设置在沿街一侧，或在空间周边种植芳香植物。对受污染气味影响的区域，如污水厂、垃圾站、公共厕所附近的空间，可以考虑通过电声设计引入积极的声源，如采用扬声器播放音乐声等积极的声源。具体的规划层面设计策略见表 6-1。

表 6-1　规划层面防治污染性感官源的具体策略

策略	具体方法	感官源布局示意图
去除	将具有污染性的声音或气味去除，以避免其对其他气味与声音的感知造成消极影响	污染性声音或气味

续表

策略	具体方法	感官源布局示意图
分离	在无法去除污染性的声音或气味时,考虑将具有污染性的感官源进行分离或集中设置	污染性区域
掩蔽	在无法去除污染性的声音或气味时,考虑在空间中引入积极的气味或声音	污染性声音或气味 积极声音或气味

（2）建筑层面

当所在区域内存在污染性声音或气味时,考虑将城市公共开放空间内靠近污染源一侧的建筑尽量设置为高层,以增强其对污染源的抵挡。在此基础上,对噪声污染严重的建筑,考虑围合式布局,以降低四周噪声对内部空间的影响;对气味污染严重的建筑,考虑开敞式并平行于主导风向的布局,有利于空气流通。建筑内考虑将对污染源不敏感或使用频率相对低的功能空间如厕所、楼梯间、储藏室等设置在靠近污染源一侧,并尽可能减小房间门窗对污染源一侧的开口。此外,对噪声污染严重的房间,考虑室内加香处理,在香气选择上可以考虑花香、食物气味等;对气味污染严重的房间,考虑播放音乐、鸟鸣声等,并注意不要影响房间的使用功能。具体的建筑层面设计策略见表6-2。

表 6-2　建筑层面防治污染性感官源的具体策略

策略	具体方法	感官源布局示意图
控制建筑层高	将高层设置在靠近污染源一侧，通过建筑自身对污染源产生遮挡	 ● 污染性声音或气味
控制建筑整体布局	对声音污染或气味污染严重的建筑，分别考虑围合或开敞式布局	 主导风向 ● 污染性声音　● 污染性气味
控制建筑内部布局	将对污染源不敏感或使用频率较低的缓冲性房间设置在靠近污染源一侧	 ● 污染性声音或气味 ■ 缓冲性房间
掩蔽	在声音污染或气味污染严重的房间，分别考虑加香或播放积极的声音	 ● 污染性声音或气味 ● 积极的声音或气味

6.5.2 优化嗅听要素搭配

（1）规划层面

优化嗅听要素搭配的任务就是对嗅听要素的配置设计进行整体规划，以营造多维统一的协调氛围，从而提高空间环境品质。在既有城市公共开放空间的嗅听交互环境改善方面，可以考虑嗅听间的协同作用以对声源与嗅源进行调控。首先保留、引入具有积极作用的、与整体环境相协调的以及具有地域特色的感官源，通过其积极作用提升空间的使用感，需要注意的是，某些自身为非消极性的声音与气味所处空间并不协调，对此类感官源需要综合考虑后决定对其进行保留或去除。对于嗅听交互环境的独立设计方面而言，则需要注重嗅听设计要素的搭配，通过嗅听要素间的协同作用带来"1+1 大于 2"的效果。第 4 章的研究结果显示，鸟鸣声与食物气味、植物气味的协调度均比较高，说明鸟鸣声不仅是一种十分受欢迎的声音，而且与植物气味、食物气味搭配均可以营造更为舒适的整体环境。其中鸟鸣声与植物气味最为搭配，两者组合下的协调度与舒适度均为最高，同时它们对彼此强度的削弱作用比其他声音与气味的组合强。在实际设计中应重点保留或引入鸟鸣声，尤其是在绿化程度及质量较高的公园。对植被丰富、鸟类栖息状况良好的城市公共开放空间，可以引入芳香植物。交谈声与食物气味的组合会带来多方面的益处，如整体协调度的提升、主观强度的下降等，其中交谈声与面包气味搭配下的舒适度是最高的。在人群较多的城市公共开放空间，如商业步行街等，可以考虑设置咖啡厅、面包房等餐饮性空间，这样不仅可以营造舒适的嗅听感官环境，还可以丰富城市的空间功能。当交通声存在时，其与不同气味的协调度均比较低（低于 3），但相对而言交通声与食物气味的搭配是较为合适的，体现在交通声与咖啡气味的整体协调度以及气味舒适度均最高，面包气味对交通声的主观响度的降低程度最大。在人群活动较丰富、交通声较大的空间中，即使该空间内的交通声对人的消极作用尚不明显，仍可以考虑引入面包房、咖啡厅等餐饮性空间来改善整体环境。具体的规划层面的设计策略见表 6-3。

表 6-3　规划层面优化嗅听要素的具体策略及方法

策略	具体方法	感官源布局示意图
保留	保留区域内既有积极的、与整体环境协调的、具有地域特色的声音或气味，以提升整体环境感知评价	 ● 积极的声音或气味
去除	去除与整体环境不协调的既有声音或气味，以避免其对整体环境的感知评价造成消极影响	 ● 与整体环境不协调的声音或气味
引入	引入与环境中既有感官因素相搭配的声音与气味，或引入可提升整体环境感知评价的声音与气味组合	 ● 具有积极协同作用的嗅听要素组合

（2）建筑层面

当城市公共开放空间内的建筑在功能上需产生积极的感官源时，尽量将产生声源或嗅源的房间布置在一层或设置室外、半室外空间，以增加声音和气味的传播距离。在建筑功能的设置上，需尽可能丰富，尤其是多设置能产生积极感官源的空间，从而为使用者提供丰富、舒适的嗅听交互体验。在此基础上，需要合理设置产生声音或释放气味的建筑及房间之间的间距，从而保证积极、搭配的声音和气味的影响范围有所重叠又不至过于杂乱。具体的建筑层面的设计策略见表6-4。

表6-4　建筑层面优化嗅听要素的具体策略及方法

策略	具体方法	感官源布局示意图
控制建筑垂直布局	将产生声源或嗅源的房间布置在一层或设置室外、半室外空间	 ● 积极的声音或气味
注重功能多样性	尽量多设置能产生积极感官源的空间	 积极的声音或气味
控制建筑整体及房间间距	调整产生积极、搭配的感官源的建筑及房间的间距,以使声音和气味的影响范围有所重叠	 ● 积极的声音气味组合

6.5.3　控制嗅听要素变量

控制嗅听要素变量是指将声音与气味组合的音量与浓度控制在合适的范围内,使人获得最佳的感官环境体验。首先声音与气味的音量与浓度需要控制在人们可接受的安全范围内,不要过于刺激。根据第4章研究结果,综合考虑感官源舒适度、整体舒适度与协调度,总结出的嗅听要素变量搭配度见表 6-5。结果显示,气味浓度越高,声舒适度越高,而且无论何种条件的气味,其与低音量声音的组合情况下均最舒适、协调,其中咖啡气味与低音量声音最协调。非自然声与高气味浓度的组合最为舒适、协调;自然声则与低气味浓度最协调。高音量声音与高气味浓度最协调、舒适。对既有嗅听交互环境的改善方面,需要对城市公共开放空间内的声音与气味的强度进行控制,并结合使用者的主观评价进行整体调控。例如,在人流量与车流量均较大的城市公共开放空间中,可以考虑尽可能提高嗅源的密度,多设置餐饮空间或增大芳香植物的种植密度,在人流量与车流量均较小的空间,可以考虑设置咖啡厅。对已经存在气味且其浓度较难控制的空间,通过降低声音音量来提高整体环境的协调度更为有效。对嗅听交互环境的独立设计,在确定好被设计的声音与气味种类后,需对其强度进行把控。例如,对芳香植物的种植密度进行合理配置,对散发气味的餐饮空间进行合理的布局规划,对广播系统的音量进行调整,对交通声进行隔声处理等,以将嗅听因素控制在为最搭配的刺激强度范围内。

表 6-5　嗅听要素变量搭配度

气味	浓度	声音音量								
		鸟鸣			交谈			交通		
		低	中	高	低	中	高	低	中	高
丁香花	低	●	○	○	●			●		
	中	●	○	○	●			●		
	高	●	◐	◐	●	◐	◐	●	◐	◐
桂花	低	●	○	○	●			●		
	中	●	○	○	●			●		
	高	●	◐	○	●	◐	◐	●	◐	◐
咖啡	低	●	○	○	●			●		
	中	●	○	○	●			●		
	高	●	◐	○	●	◐	○	●	◐	○

续表

气味	浓度	声音音量								
		鸟鸣			交谈			交通		
		低	中	高	低	中	高	低	中	高
面包	低	●	●	●	●			●		
	中	●	●	●				●		
	高	●	●	●	●	●	●	●	●	●

注:颜色越深,搭配度越高。

6.6 关注使用者的行为

6.6.1 根据空间的使用目的控制嗅听要素

人们对不同的位置、地形、功能等的城市公共开放空间有着不同的使用目的,空间对人群行为也存在着不同的期待。嗅听交互对人群行为的影响研究表明植物、食物、污染气味与声音交互作用下的人群行为变化规律,在城市公共开放空间施加特定的声音与气味组合,可以更好地掌握与控制人流量,从而具有针对性地满足不同功能空间的使用需求。

对于人群路径而言,城市公共开放空间需要对人群产生吸引效果,如商业步行街需要吸引人群至此消费,广场需要吸引人群至此活动,某些公园则需要引导人群在合适的路线进行游览等。第 5 章的研究结果表明,来自植物、食物类的积极的芳香气味会对人群产生吸引作用(5.1.1,5.2.1),可以在需要吸引人群的空间周边种植芳香植物,或将食品商铺或餐饮空间设置在空间周边建筑的一层,或直接设置独立的铺位。研究结果还表明,无论是积极的声音还是消极的声音都会使得气味的吸引效果更明显,可以通过在嗅源周边播放声音来增强这种吸引效果,如在芳香植物丛中设置播放音乐的扬声器,以及在商铺播放音乐声或广告声。对本身存在消极声音或气味的城市公共开放空间,如紧邻交通道路的商业广场,应先对消极感官源进行治理,如无法实现,可以引入积极的气味或声音来吸引人群。

对于人群速度而言,速度的降低会使得人群不自觉地关注身边的事物。在休闲类的城市公共开放空间中,人群速度的降低会使其更好地体验周边环境。研究结果显示,声音与气味对人群速度的影响不存在交互作用(5.1.2,5.2.2,5.3.2),这说明声音与气味对人群速度的影响是相对独立的,但存在一定的叠加作用。在诸如公园、广场、步行街等休闲空间,同样可以通过公共广播系统播放音乐、种植芳香植物等方式来降低人群速度。但需要注意的是,食物气味会让人群速度加快,这与我们普遍认为好的气味均会让人放慢速度的猜想并不吻合,这可能与时间因素相关,具体在下一节进行讨论。

对于停留时间而言,研究结果显示,声音与气味对人群停留时间的影响不存在交互作用(5.2.3,5.3.3),这说明声音与气味对停留时间的影响是相对独立的,但积极的声音和消极的声音与气味对其影响同样有叠加作用。停留时间的加长可以有效地增加市民之间的交流与互动,可以通过积极的气味与声音的叠加效果来增加人群的停留时间。对存在消极的声音与气味的空间,需要通过治理的手段来进行改善。

6.6.2　根据空间的时间因素控制嗅听要素

环境要素包括空间环境和时间环境,两者密不可分。其中时间的动态性以及同时性并存,在时间维度中对空间的感官体验进行描绘更具有多义性,但是空间的时间性因素常常被设计者所忽略。吴硕贤院士[210](2012)曾提到,"建筑环境的时间性设计,就是要力求使得建筑环境在不同时段都具有良好的效果,做到有变化、有节奏、有韵律,宜观、宜游、宜居。"时间具有更细致的划分方式,如 Holl[211](2012)具体分析了 7 种建筑时间,包括每日时间(Diurnal Time)、季节时间（Seasonal Time）、线性/循环时间（Linear Time/Cyclical Time）、当地/全球时间（Local Site Time/Global Time）等。

嗅听要素的时间结构会对人群行为产生影响，在嗅听交互设计时需要应用时间观念。在本研究中食物气味与声音的交互作用部分，结果发现面包房气味存在时的人群速度是显著高于无气味时的（5.2.2），这与我们所期待的结果即积极的气味会使人放慢脚步从而引发休憩欲望这一猜想相矛盾，原因可能与食物气味能引发食欲的特殊性相关，而食欲则随着每日就餐时间变化而不同。人们产生了饥饿感，但不想购买面包，便加快了步伐。对于植物芳香气味而言，其散发的时间随着花期、季节等因素而改变，如仅在晚上开花的植物有晚香玉、待霄草等。春天开花的有迷迭香、金银花；夏天开花的有栀子花；秋天开花的有桂花；冬天开花的有香雪兰等。

为了达到时间维度上嗅听交互设计的合理性，要从声源与嗅源的配置上进行考虑。对于听觉要素而言，要注意人、动物、植物在不同时刻或季节条件下所发出的不同声音，如来自早晚不同活动方式的人群、在不同气象条件下的植物发出的声音等；对于嗅觉要素而言，要注意人、动物、植物以及生产生活中产生各种气味的时间。同时，城市公共开放空间的时间性设计应与空间布局相结合，根据嗅听交互下的人群心理和行为规律进行不同时间段的规划，交替使用不同的声音与气味刺激，使得人们在使用空间的时间维度中得到丰富的感官体验，并有惊喜和收获。

6.7　本章小结

本章以前文研究结果为基础，从理论模型及总体设计目标与原则，设计目的及其对应的基本设计方法，嗅听要素的选择及其与环境的总体调控，嗅听要素间的组合与布局，以及从使用者行为层面提出了城市公共开放空间嗅听交互环境的设计策略，主要包括：

①建立城市公共开放空间嗅听交互环境的整体理论模型,呼吁相关人员提高对嗅听交互环境的主动设计意识。提出了 3 个总体设计目标:舒适的感官环境体验、健康的生活方式导向、宜居的和谐空间理念。提出了 3 个总体设计原则:科学性原则、适度性原则、因地制宜原则。

②总结出嗅听交互环境设计的 3 个主要目的:消极感官源的处理、既有嗅听交互环境的改善、嗅听交互环境的独立设计。归纳嗅听交互环境常用的设计方法,以此为之后的分析作铺垫。

③从声源(自然声、人为声、人工声)与嗅源(植物气味、食物气味、污染气味)的种类,及其安全性两个方面提出了如何选择嗅听要素。

④在选择嗅听要素的基础上,考虑其与环境的总体调控,具体包括:需考虑嗅听要素与环境的协调性、营造多样化的感官环境体验、保留及突显城市空间主题。

⑤基于防治污染性感官源、优化嗅听要素搭配、控制嗅听要素变量这 3 个主要设计目的,从规划与建筑方面提出具体的嗅听要素组合与布局策略。

⑥在空间的使用目的与时间因素方面,从使用者的行为角度提出城市公共开放空间嗅听交互环境的设计策略。

第7章　结论与展望

　　城市公共开放空间的感官环境影响着城市的宜居性,嗅听交互设计为营造优质的多感官环境、提升人们的使用感和满意度提供了新的角度与方式。本研究运用声景学与嗅景学的相关理论,以典型城市公共开放空间作为研究对象,通过感官漫步对现今城市公共开放空间的嗅听交互现状进行了实地考察;在明确嗅听因素存在交互作用后,在实验室内通过变量控制研究了嗅听交互感知效应;在城市公共开放空间中选取典型的嗅听因素组合,以探究其对人群行为的影响;提出城市公共开放空间嗅听交互环境的设计策略。主要结论如下:

　　①在声景与嗅景研究的基础上,针对城市公共开放空间的嗅听交互环境,提出了以实地感官漫步、实验室研究、实地人群行为观测为框架的系统化研究方法,分别对应研究了城市公共开放空间的嗅听交互现状、嗅听交互感知效应、嗅听交互对人群行为的影响。从验证问题、分析问题、探究规律、解决问题上逐层递进,保证了调查研究的逻辑性、科学性和系统性。

　　②在城市公共开放空间嗅听交互现状调查中发现,对于气味对声音评价的影响而言,气味对声源的感知概率、感知度、声源属性判断无显著影响。对于声音评价而言,食物气味会提高声音的声舒适度与声协调度,降低主观响度,但是对感知度高的前景声的影响非常小;污染气味会降低交通声的评价,降低主观响度。声音对气味的感知概率、感知度、嗅源属性判断无显著影响。声音会降低气味的主观浓度,降低气味的评价,交通声的降低效果最明显。气味会对声环境评价产生显著影响,食物气味会提高步行街的声环境评价,不同食物气味

的提高程度不同；污染气味会降低街道的声环境评价。气味会对声环境的主观响度产生一定的降低效果。声音会对气味环境产生显著影响，但影响程度均较弱。气味的存在会降低单一声音的主观响度，声音的增多会降低气味的主观浓度。评价较高的声音（或气味）会提高其他气味（或声音）的评价，评价低的声音（或气味）的效果则与之相反。气味对声音及声环境评价的影响程度均大于声音对气味及气味环境评价的影响程度。此外，研究发现，70% 的参与者认为声音与气味是会影响彼此的感知，而且认为这种影响使彼此削弱的比例更大；大部分人希望在城市公共开放空间中听到或闻到自然性的声音或气味。

③在嗅听交互感知效应研究中，气味对声音感知评价的影响显示，气味的存在几乎不影响鸟鸣声、小音量声音，对其他条件的声音则浓度越高，评价越高。声音对气味感知评价的影响显示，随着音量的升高，气味评价均会下降，交通声与交谈声对气味评价的降低程度最大，声音种类对不同气味的主观浓度则无影响。整体感知评价结果显示，鸟鸣声以及小音量声音与不同气味因素下的整体感知基本不受影响，对于其他声音种类与音量而言，随着气味浓度的升高，整体感知评价逐渐提高。声音感知与气味感知均存在着舒适度与喜好度变化相似的趋势，正面的感官刺激会提高另一种感官感受的评价，负面的感官刺激作用效果则相反。嗅听感官间存在着一种"掩蔽"效应，体现在一种刺激越强，另一种感官感受越弱。但是其他感官刺激并不会影响人们对其的熟悉度。对于整体舒适度而言，声音的影响效果强于气味；对于整体协调度而言，声音与气味的影响效果较为均衡。

④嗅听交互对人群行为的影响研究中发现，对于植物气味与声音的交互作用而言，高声压级交通声时的路径分布更为均匀且集中。随着丁香花气味浓度升高，人群均会被嗅源吸引，这种吸引效果逐渐增强并最终趋于稳定，其中高声压级情况下更为明显，而且高声压级交通声情况下的人群速度逐渐降低之后趋于稳定，低声压级交通声情况下的人群速度几乎不变。对于食物气味与声音的交互作用而言，在无气味的情况下，播放音乐可以显著吸引人群，而风扇声则会

使人群远离声源。在有气味时,人们在播放声音时会更接近感官源,无论该声音是积极的还是消极的,这一趋势都会较原先明显。音乐声会显著降低人群速度,而风扇声则相反。有食物气味时的人群速度显著高于无气味时的人群速度,平均速度随着距离感官源越近而逐渐降低。音乐声、食物气味会显著增加停留时间,而风扇声则相反,但嗅听交互作用对人群速度和停留时间的影响并不显著。对于污染气味与声音的交互作用而言,音乐声会显著吸引人群,风扇声则会使人群远离。有污水气味时的人群路径较无气味时更远离嗅源一侧,并且消极的气味会加剧声音对人群路径的影响。音乐声会显著降低人群速度、增加停留时间,风扇声、污水气味则会显著提高人群速度、减少停留时间,但是嗅听交互对人群速度与停留时间的影响不显著。

⑤基于研究结果,提出了 6 个方面的城市公共开放空间嗅听交互环境的设计策略。首先建立理论模型并提出总体设计目标与原则,分别为舒适的感官环境体验、健康的生活方式导向、宜居的和谐空间理念 3 个目标,以及科学性原则、适度性原则、因地制宜原则。其次提出了消极感官源的处理、既有嗅听交互环境改善、嗅听交互环境独立设计这 3 个主要设计目的,以及需要据此来选择设计方法。在声源与嗅源的选择上,则需要注意其种类与安全性。城市公共开放空间的嗅听交互设计不能脱离所处环境,在选择嗅听要素的基础上,需注重其与周边环境的总体调控,具体需考虑嗅听要素与环境的协调性、营造多样化的感官环境体验、保留及突显城市空间主题。对于具体的嗅听要素间的组合与布局而言,同样需要从设计目的入手选择不同的措施,同时需从空间的使用目的与时间因素方面关注使用者的行为。

综上所述,本书提出了针对嗅听交互的系统化研究方法,并根据研究结果提出了基于"嗅听要素—环境—使用者"的城市公共开放空间嗅听交互环境设计策略。具体取得的创新性研究成果如下:

①阐明了城市公共开放空间嗅听交互环境的感官源感知、感官环境描述、感官因素预判与感官期望特征。

②揭示了在城市公共开放空间中典型的声音与气味因素组合下的声音感知、气味感知与整体感知规律。

③揭示了植物、食物、污染气味与声音的嗅听交互作用对人群的路径、速度、停留时间的影响规律。

本书对城市公共开放空间的嗅听交互研究的范围、方法、分析验证等方面作了新的尝试，对嗅听交互环境的设计、改善和营造具有一定的指导意义。但这一课题的研究是一个复杂而系统的工程，本书对研究对象、声音与气味材料的选择有限，难免存在局限性。此外，本书所提出的具体设计策略均是在实验基础上得出的，已具备验证基础。虽然如此，策略的有效性还需要通过实际设计项目进行验证，这同样需要长期且大量的工作。今后的工作将主要从以下方面加以完善：

①拓展研究范围，选取其他类型的空间作为研究对象，同时尝试研究室内、非城市环境等，并对不同类型空间进行比较。丰富材料样本，选取更多类型的声音与气味样本作为研究变量，从功能性、地域性、文化性等角度进行具有针对性的研究。

②考虑嗅听交互对生理产生的影响，对存在潜在相关性的生理指标进行客观测试，并探究嗅听交互作用下的主观评价与客观生理指标的相关性。

③考虑物理环境对实验结果的影响，对如温度、湿度、光照、风速等环境变量的影响进行分析与探讨。

④考虑人群差异对实验结果的影响，对如性别、年龄、文化等因素的影响进行具有针对性的分析。

⑤对设计策略的有效性进行验证，通过对实际嗅听交互应用案例进行调研，进行设计前后的对比研究。

⑥探究嗅听交互设计的后续影响，包括对嗅听要素对所在环境的其他因素的影响、城市公共开放空间品质的提升情况进行系统、定量的研究。

参考文献

［1］周波. 城市公共空间的历史演变［D］. 成都：四川大学,2005.

［2］环境保护部. 中国环境噪声污染防治报告(2016)［R］. 2016.

［3］吴静. 高层建筑室内外声环境评价与分析［D］. 重庆：重庆大学,2007.

［4］BALLAS J A. Common Factors in the Identification of an Assortment of Brief Everyday Sounds［J］. Journal of Experimental Psychology：Human Perception and Performance, 1993, 19(2)：250-267.

［5］GAVER W W. What in the World Do We Hear? An Ecological Approach to Auditory Event Perception［J］. Ecological Psychology, 1993, 5(1)：1-29.

［6］BARBARA A, PERLISS A. Invisible Architecture：Experiencing Places Through the Sense of Smell［M］. Milano：Skira, 2006.

［7］ISO 12913-1. Acoustics-Soundscape-Part 1：Definition and Conceptual Framework［S］. Geneva：International Organisation for Standardization, 2014.

［8］康健,杨威. 城市公共开放空间中的声景［J］. 世界建筑,2002(6)：76-79.

［9］PORTEOUS J D, MASTIN J F. Soundscape［J］. Journal of Architectural Planning and Research, 1985, 2(3)：169-186.

［10］SCHAFER R M. The Tuning of the World［J］. Journal of Research in Music Education, 1977, 25(4)：291-293.

［11］WRIGHTSON K. An Introduction to Acoustic Ecology［J］. Soundscape：The Journal of Acoustic Ecology, 2000, 1(1)：10-13.

[12] TRUAX B. Handbook of Acoustic Ecology [J]. Computer Music Journal, 2001(1):93-94.

[13] SCHAFER R M. Acoustic Space[M]. Dordrecht: Springer, 1985: 87-98.

[14] JÄRVILUOMA H, KYTÖ M, TRUAX B, et al. Acoustic Environments in Change: Five Village Soundscapes [J]. Soundscape: The Journal of Acoustic Ecology, 2010(1):25.

[15] HIRAMATSU K. Activities and Impacts of Soundscape Association of Japan [J]. Proceedings of the National Academy of Sciences of the United States of America, 1988, 85(24): 9689-9693.

[16] RAIMBAULT M. Simulation des Ambiances Sonores Urbaines: Intégration des Aspects Qualitatifs[D]. Nantes: University of Nantes, 2002.

[17] SOUTHWORTH M. The Sonic Environment of Cities[J]. Environment and Behavior, 1967, 1(1): 49-70.

[18] TAMURA A. An Environmental Index Based on Inhabitants' Recognition of Sounds[C]//Proceedings of the 7th International Congress on Noise as a Public Health Problem. Sydney: International Commission on Biological Effects of Noise, 1998: 556-559.

[19] FASTL H. Neutralizing the Meaning of Sound for Sound Quality Evaluations [C]//Proceedings of the 17th International Congress on Acoustics (ICA). Rome, 2001: CD-ROM.

[20] BODDEN M, Heinrichs R. Moderators of Sound Quality of Complex Sounds with Multiple Tonal Components[C]//Proceedings of the 17th International Congress on Acoustics (ICA). Rome, 2001: CD-ROM.

[21] ZWICKER E, Fastl H. Psychoacoustics[M]. Berlin: Springer, 1999.

[22] NILSSON M E, Berglund B. Soundscape Quality in Suburban Green Areas and City Parks[J]. Acta Acustica United with Acustica, 2006, 92(6):

903-911.

[23] BERGLUND B, AXELSSON Ö, NILSSON M E. The Soundscape Explicated [J]. Archives of Acoustics, 2005, 30(4):127-130.

[24] KANG J, ZHANG M. Semantic Differential Analysis of the Soundscape in Urban Open Public Spaces[J]. Building and Environment, 2010, 45(1): 150-157.

[25] HATFIELD J, VAN KAMP I, JOB R F S. Clarifying[J]. Acta Acustica United with Acustica, 2006, 92(6):922-928.

[26] GIFFORD R, STEG L, RESER J P. Environmental Psychology [M]. Hoboken:Wiley Blackwell, 2011.

[27] MOREIRA N M, BRYAN M E. Noise Annoyance Susceptibility[J]. Journal of Sound and Vibration, 1972, 21(4):449-462.

[28] PAGE R A. Noise and Helping Behavior[J]. Environment and Behavior, 1977, 9(3):311-334.

[29] CHRISTIE D J, GLICKMAN C D. The Effects of Classroom Noise on Children:Evidence for Sex Differences[J]. Psychology in the Schools, 1980, 17(3):405-408.

[30] GULIAN E, THOMAS J R. The Effects of Noise, Cognitive Set and Gender on Mental Arithmetic Performance[J]. British Journal of Psychology, 1986, 77 (4):503-511.

[31] MEHRABIAN A. Public Places and Private Spaces:The Psychology of Work, Play, and Living Environments[M]. New York:Basic Books, 1980.

[32] CROOME D J. Noise, buildings and people[M]. Oxford: Pergamon Press, 1977.

[33] WEINSTEIN N D. Individual Differences in Reactions to Noise:A Longitudinal Study in a College Dormitory[J]. Journal of Applied Psychology, 1978, 63

(4):458.

[34] TAYLOR S M. A Path Model of Aircraft Noise Annoyance[J]. Journal of Sound and Vibration, 1984, 96(2):243-260.

[35] KANG J. Urban Sound Environment[M]. Boca Raton:CRC Press, 2006.

[36] TARLAO C, STEFFENS J, GUASTAVINO C. Investigating contextual influences on urban soundscape evaluations with structural equation modeling [J]. Building and Environment, 2021, 188:107490.

[37] SCHULTE-FORTKAMP B, Nitsch W. On Soundscapes and Their Meaning Regarding Noise Annoyance Measurements[C]//INTER-NOISE and NOISE-CON Congress and Conference Proceedings. Wellington: New Zealand Acoustical Society, 1998:1387-1394.

[38] YANG W, KANG J. Acoustic Comfort and Psychological Adaptation as a Guide for Soundscape Design in Urban Open Public Spaces[C]//Proceedings of the 17th International Congress on Acoustics (ICA). Rome, 2001: CD-ROM.

[39] BERTONI D, FRANCHINI A, Magnoni M, et al. Reaction of People to Urban Traffic Noise in Modena, Italy[C]//Proceedings of the 6th Congress on Noise, and Man:Noise as a Public Health Problem. Nice: INTRETS, 1993: 593-596.

[40] JOB R F S, HATFIELD J, CARTER N L, et al. Reaction to Noise:The Roles of Soundscape, Enviroscape and Psychscape [C]//INTER-NOISE and NOISE-CON Congress and Conference Proceedings. Washington D. C.: Institute of Noise Control Engineering, 1999(2):1309-1314.

[41] KANG J. Sound Propagation in Interconnected Urban Streets: a Parametric Study[J]. Environment and Planning B:Planning and design, 2001, 28(2): 281-294.

[42] 王季卿. 开展声的生态学和声景研究[J]. 应用声学,1999,18(2):10.

[43] 李国棋.《Soundscape 通告》——声音景观研究 I[J]. 北京联合大学学报:自然科学版,2001(z1):97-99.

[44] 秦佑国. 声景学的范畴[J]. 建筑学报,2005(1):45-46.

[45] 康健. 从环境噪声控制到声景营造[J]. 科技导报,2017,35(19):92.

[46] 康健,杨威. 城市公共开放空间中的声景[J]. 世界建筑,2002(6):76-79.

[47] 葛坚,赵秀敏,石坚韧. 城市景观中的声景观解析与设计[J]. 浙江大学学报:工学版,2004,38(8):994-999.

[48] 葛坚,陆江,郭宏峰,等. 城市开放空间声景观形态构成及设计研究[J]. 浙江大学学报:工学版,2006,40(9):1569-1573.

[49] 毛琳箐. 声音生态学视域下的贵州东部传统聚落声景研究[D]. 哈尔滨:哈尔滨工业大学,2014.

[50] 郭敏. 江南园林声景主观评价及设计策略[D]. 杭州:浙江大学,2014.

[51] 武捷. 基于生态观的城市绿道声景研究[D]. 太原:太原理工大学,2016.

[52] 孟琪. 地下商业街的声景研究与预测[D]. 哈尔滨:哈尔滨工业大学,2010.

[53] 扈军. 基于 GIS 的声景分析及声景图制作研究[D]. 杭州:浙江大学,2015.

[54] 张圆. 城市公共开放空间声景的恢复性效应研究[D]. 哈尔滨:哈尔滨工业大学,2016.

[55] PORTEOUS J D. Landscapes of the Mind:Worlds of Sense and Metaphor [M]. Toronto:University of Toronto Press, 1990.

[56] FOX Cs. Fox Claims [EB/OL]. (2008-07-03)[2017-08-26].

[57] CLASSEN C, Howes D, Synnott A, et al. Aroma:The Cultural History of Smell[M]. Abingdon:Taylor & Francis, 1994.

[58] COCKAYNE E. Hubbub:Filth, Noise, and Stench in Britain, 1600-1770

[M]. New Haven：Yale University Press, 2007.

[59] MCHUGH J. JONATHAN R. Past Scents：Historical Perspectives on Smell [J]. American Historical Review, 2015, 120(4)：1446-1447.

[60] COHEN E. The Broken Cycle：Smell in a Bangkok Soi (Lane)[J]. Ethnos, 2010, 53(1-2)：37-49.

[61] CLASSEN C. Other Ways to Wisdom：Learning through the Senses Across Cultures[J]. International Review of Education, 1999, 45(3)：269-280.

[62] MANALANSAN M. Immigrant Lives and the Politics of Olfaction in the Global City[J]. The Smell Culture Reader, 2006：41-52.

[63] LOW K E Y. Scent and Scent-sibilities：Smell and Everyday Life Experiences [M]. Cambridge：Cambridge Scholars Publishing, 2008.

[64] GRÉSILLON L. Sentir Paris：Bien-être et Valeur des Lieux [M]. Paris：Editions Quae, 2005.

[65] DIACONU M, Heuberger E, Mateus-Berr R, et al. Senses and the City：An Interdisciplinary Approach to Urban Sensescapes [M]. Münster：LIT Verlag, 2011.

[66] XIAO J, Tait M, Kang J. A Perceptual Model of Smellscape Pleasantness [J]. Cities, 2018, 76：105-115.

[67] BOKOWA A H. The Review of the Odour Legislation[J]. Proceedings of the Water Environment Federation, 2010(3)：492-511.

[68] BARON R A. The Sweet Smell of... Helping：Effects of Pleasant Ambient Fragrance on Prosocial Behavior in Shopping Malls[J]. Personality and Social Psychology Bulletin, 1997, 23(5)：498-503.

[69] FOX K. The Smell Report, Social Issues Research Centre[EB/OL]. (2010-04-24)[2017-08-26].

[70] BARON R A. "Sweet smell of success"? The Impact of Pleasant Artificial Scents on Evaluations of Job Applicants[J]. Journal of Applied Psychology,

1983, 68(4):709-713.

[71] WRZESNIEWSKI A, Mccauley C, Rozin P. Odor and Affect: Individual Differences in the Impact of Odor on Liking for Places, Things and People [J]. Chemical Senses, 1999, 24(6):713.

[72] LINDSTROM M. Brand Sense:How to Build Powerful Brands through Touch, Taste, Smell, Sight and Sound[M]. London:Kogan Page, 2005.

[73] SPANGENBERG E R, CROWLEY A E, Henderson P W. Improving the Store Environment:Do Olfactory Cues Affect Evaluations and Behaviors? [J]. Journal of Marketing, 1996, 60(2):67-80.

[74] KNASKO S C. Pleasant Odors and Congruency:Effects on Approach Behavior [J]. Chemical Senses, 1995, 20(5):479-487.

[75] MEHRABIAN A, RUSSELL J A. An Approach to Environmental Psychology [J]. Behavior Therapy, 1976, 7(1):132-133.

[76] HENSHAW V. Urban Smellscapes:Understanding and Designing City Smell Environments[M]. Abingdon:Routledge, 2014.

[77] MOSS M, OLIVER L. Plasma 1, 8-Cineole Correlates with Cognitive Performance Following Exposure to Rosemary Essential Oil Aroma [J]. Therapeutic Advances in Psychopharmacology, 2012, 2(3):103-113.

[78] SYNNOTT A. A Sociology of Smell [J]. Canadian Review of Sociology, 1991, 28(4):437-459.

[79] KELLER A, Hempstead M, Gomez I A, et al. An Olfactory Demography of a Diverse Metropolitan Population[J]. BMC Neuroscience, 2012, 13 (1): 1-17.

[80] DOTY R L, APPLEBAUM S, ZUSHO H, et al. Sex Differences in Odor Identification Ability:A Cross-cultural Analysis[J]. Neuropsychologia, 1985, 23(5):667.

[81] DIAMOND J, DALTON P, DOOLITTLE N, et al. Gender-specific Olfactory

Sensitization: Hormonal and Cognitive Influences [J]. Chemical Senses, 2005, 30(suppl_1):i224-i225.

[82] CAIN W S. Odor Identification by Males and Females: Predictions vs Performance[J]. Chemical Senses, 1982, 7(2):129-142.

[83] LARSSON M, FINKEL D, PEDERSEN N L. Odor Identification: Influences of Age, Gender, Cognition, and Personality[J]. The Journals of Gerontology Series B: Psychological Sciences and Social Sciences, 2000, 55(5):304-310.

[84] SCHEMPER T, VOSS S, CAIN W S. Odor Identification in Young and Elderly Persons: Sensory and Cognitive Limitations [J]. Journal of Gerontology, 1981, 36(4):446-452.

[85] SCHLEIDT M, NEUMANN P, MORISHITA H. Pleasure and Disgust: Memories and Associations of Pleasant and Unpleasant Odours in Germany and Japan[J]. Chemical Senses, 1988, 13(2):279-293.

[86] DIACONU M, HEUBERGER E, MATEUS-BERR R, et al. Senses and the City: An Interdisciplinary Approach to Urban Sensescapes[M]. Münster: LIT Verlag, 2011.

[87] SCHIFFMAN S S, GRAHAM B G, SATTELY-MILLER E A, et al. Taste, Smell and Neuropsychological Performance of Individuals at Familial Risk for Alzheimer's Disease[J]. Neurobiology of Aging, 2002, 23(3):397-404.

[88] STROUS R D, SHOENFELD Y. To Smell the Immune System: Olfaction, Autoimmunity and Brain Involvement[J]. Autoimmunity Reviews, 2006, 6(1):54-60.

[89] KELLER A, HEMPSTEAD M, GOMEZ I A, et al. An Olfactory Demography of a Diverse Metropolitan Population. [J]. BMC Neuroscience, 2012, 13(1):1-17.

[90] VENNEMANN M M, HUMMEL T, BERGER K. The Association Between Smoking and Smell and Taste Impairment in the General Population [J].

Journal of Neurology, 2008, 255(8):1121-1126.

[91] HERZ R S. I Know What I Like:Understanding Odor Preferences[J]. The Smell Culture Reader, 2006:190-203.

[92] DISTEL H, AYABEKANAMURA S, MARTÍNEZGÓMEZ M, et al. Perception of Everyday Odors—Correlation Between Intensity, Familiarity and Strength of Hedonic Judgement[J]. Chemical Senses, 1999, 24(2):191-199.

[93] ENGEN T. The Perception of Odors[M]. London:Academic Press, 1982.

[94] CORWIN J, LOURY M, GILBERT A N. Workplace, Age, and Sex as Mediators of Olfactory Function:Data from the National Geographic Smell Survey[J]. Journals of Gerontology, 1995, 50(4):179-186.

[95] DEPALMA A. Good Smell Vanishes, But It Leaves Air of Mystery, New York [EB/OL]. (2013-01-16)[2017-08-26].

[96] COCHRAN L. Design Features to Change and/or Ameliorate Pedestrian Wind Conditions[M]. Nashville:Structures 2004:Building on the Past, Securing the Future, 2004:1-8.

[97] NIKOLOPOULOU M, Steemers K. Thermal Comfort and Psychological Adaptation as a Guide for Designing Urban Spaces[J]. Energy and Buildings, 2003, 35(1):95-101.

[98] PENWARDEN A D, Wise A F E. Wind Environment around Buildings[M]. Manchester:HMSO, 1975.

[99] VONBEKESY G. Olfactory Analogue to Directional Hearing[J]. Journal of Applied Physiology, 1964, 19(3):369-373.

[100] LA B V, FRASNELLI J, COLLIGNON O, et al. Olfactory Priming Leads to Faster Sound Localization [J]. Neuroscience Letters, 2012, 506 (2): 188-192.

[101] 殷敏,杨仲元,李光州,等. 试论城市公共空间的嗅觉设计[J]. 城市规划,2016(3):58-62.

[102] 魏正旸. 城市公共空间的嗅觉设计分析[J]. 建筑与文化,2019(10):
142-143.

[103] 刘歆,叶琦,张荷娜. 基于嗅觉感官体验的工业遗址景观再生设计[J].
艺术与设计(理论),2020,2(6):56-58.

[104] 张娜娜,常晓菲. 中国古典园林香景的发展历程[J]. 中国园艺文摘,
2017,33(10):157-158,197.

[105] 邓贵艳. 中国古典园林中的香景研究[J]. 艺术科技,2013,26(5):
254-255.

[106] 包广龙,王婷婷. 个园造园艺术特点及香景营造研究[J]. 美术教育研
究,2019(17):92-93,98.

[107] 李育贤,翁殊斐,冯志坚. 广州公园应用桂花营造香景的初步研究[J].
广东园林,2018,40(5):12-16.

[108] SOUTHWORTH M. The Sonic Environment of Cities[J]. Environment and
Behavior, 1967, 1(1):49-70.

[109] CARLES J, BERNÁLDEZ F, LUCIO J. Audio-visual Interactions and
Soundscape Preferences[J]. Landscape research, 1992, 17(2):52-56.

[110] VIOLLON S. Two Examples of Audio-visual Interactions in an Urban Context
[J]. Acta Acustica, 2003, 89:S58.

[111] LERCHER P, SCHULTE-FORTKAMP B. The Relevance of Soundscape
Research to the Assessment of Noise Annoyance at the Community Level
[C]//Proceedings of the Eighth International Congress on Noise as a Public
Health Problem. Dubrovnik, 2003:225-231.

[112] HASHIMOTO T, HATANO S. Effects of factors other than sound to the
perception of sound quality [C]//Proceedings of the 17th International
Congress on Acoustics (ICA). Rome, 2001:CD-ROM.

[113] MAFFEI L, IACHINI T, MASULLO M, et al. The Effects of Vision-related
Aspects on Noise Perception of Wind Turbines in Quiet Areas [J].

International Journal of Environmental Research and Public Health, 2013, 10(5):1681-1697.

[114] D'ALESSANDRO F, EVANGELISTI L, Guattari C, et al. Influence of visual aspects and other features on the soundscape assessment of a university external area[J]. Building Acoustics, 2018, 25(3):199-217.

[115] ANDERSON L M, MULLIGAN B E, GOODMAN L S, et al. Effects of sounds on preferences for outdoor settings[J]. Environment and Behavior, 1983, 15(5):539-566.

[116] MACE B L, BELL P A, LOOMIS R J, et al. Source Attribution of Helicopter Noise in Pristine National Park Landscapes [M]. Sacramento: American Academy for Park and Recreation Administration, 2003.

[117] LINDQUIST M, LANGE E, KANG J. From 3D Landscape Visualization to Environmental Simulation: The Contribution of Sound to the Perception of Virtual Environments [J]. Landscape and Urban Planning, 2016, 148: 216-231.

[118] PORTEOUS J D, MASTIN J F. Soundscape[J]. Journal of Architectural Planning and Research, 1985, 2(3):169-186.

[119] PORTEOUS J D. Environmental Aesthetics: Ideas, Politics and Planning [M]. Abingdon:Routledge, 2013.

[120] APFEL R E, RAICHEL D R. Deaf Architects & Blind Acousticians? —A Guide to the Principles of Sound Design [J]. Journal of the Acoustical Society of America, 1998, 104(2):613.

[121] CARIEN M, VAN REEKUM C M, Vann de Berg H, et al. Cross-modal Preference Acquisition: Evaluative Conditioning of Pictures by Affective Olfactory and Auditory Cues[J]. Cognition and Emotion, 1999, 13(6): 831-836.

[122] DINH H Q, WALKER N, SONG C, et al. Evaluating the Importance of

Multi-sensory Input on Memory and the Sense of Presence in Virtual Environments[C]//Proceedings. IEEE Virtual Reality. Washington D. C. : IEEE, 1999:222-228.

[123] GOTTFRIED J A, DOLAN R J. The Nose Smells What the Eye Sees: Crossmodal Visual Facilitation of Human Olfactory Perception[J]. Neuron, 2003, 39(2):375-386.

[124] MORROT G, BROCHET F, DUBOURDIEU D. The Color of Odors[J]. Brain and Language, 2001, 79(2):309-320.

[125] KUANG S, ZHANG T. Smelling Directions:Olfaction Modulates Ambiguous Visual Motion Perception[J]. Scientific Reports, 2014, 4(1):1-5.

[126] ROBINSON A K, REINHARD J, MATTINGLEY J B. Olfaction Modulates Early Neural Responses to Matching Visual Objects[J]. Journal of Cognitive Neuroscience, 2015, 27(4):832-841.

[127] SEO H S, ROIDL E, MÜLLER F, et al. Odors Enhance Visual Attention to Congruent Objects[J]. Appetite, 2010, 54(3):544-549.

[128] JIANG L, MASULLO M, Maffei L. Effect of Odour on Multisensory Environmental Evaluations of Road Traffic [J]. Environmental Impact Assessment Review, 2016, 60:126-133.

[129] BRUCE N, CONDIE J, HENSHAW V, et al. Analysing olfactory and auditory sensescapes in English cities:Sensory expectation and urban environmental perception [J]. Ambiances. Environnement sensible, architecture et espace urbain, 2015(12):1-15.

[130] MATTILA A S, WIRTZ J. Congruency of scent and music as a driver of in-store evaluations and behavior[J]. Journal of retailing, 2001, 77(2):273-289.

[131] MICHON R, CHEBAT J C, MICHON R. The Interaction Effect of Music and Odour on Shopper Spending[D]. Toronto:Ryerson University, 2006.

[132] LA Buissonnière-Ariza V, Frasnelli J, Collignon O, et al. Olfactory priming leads to faster sound localization[J]. Neuroscience letters, 2012, 506(2): 188-192.

[133] 张邦俊,翟国庆. 视觉感受对噪声烦恼度的影响[J]. 中国环境科学,2000(4):382-384.

[134] 倪涌舟. 室内绿化装饰对低频噪声烦恼度的影响[J]. 浙江农林大学学报,2006,23(1):112-114.

[135] 师珂. 景观绿化对城市公共开放空间声景影响研究[D]. 哈尔滨:哈尔滨工业大学,2017.

[136] 宋剑玮,杨青,张森,等. 颜色知觉对道路交通噪声烦恼度主观评价影响的研究[J]. 南方建筑,2011(1):77-79.

[137] 聂文静. 视觉因素对环境噪声主观烦恼度影响的研究[D]. 天津:天津大学,2014.

[138] 任欣欣. 哈尔滨城市公园生态水体斑块的声景研究[D]. 哈尔滨:哈尔滨工业大学,2013.

[139] 周波. 城市公共空间的历史演变[D]. 成都:四川大学,2005.

[140] 凯文·林奇. 城市意象[M]. 方益萍,何晓军,译. 北京:华夏出版社,2001.

[141] 彭聃龄. 普通心理学[M]. 3 版. 北京:北京师范大学出版社,2004.

[142] 朱智贤. 心理学大词典[M]. 北京:北京师范大学出版社,1989.

[143] SMITH J A. Aristotle:'On the Soul'[J]. The Complete Works of Aristotle, 1931:1.

[144] 叶茂乐. 五感在景观设计中的运用[D]. 天津:天津大学,2009.

[145] RAYLEIGH J W S B. The Theory of Sound[J]. Physics Today, 1957, 10(1):32-34.

[146] 李耀中. 噪声控制技术[M]. 北京:化学工业出版社,2001.

[147] 张俊秀. 环境监测[M]. 北京:中国轻工业出版社,2003.

[148] 阿尼克·勒盖莱. 气味[M]. 黄忠荣,译. 长沙:湖南文艺出版社,2001.

[149] QUERCIA D, SCHIFANELLA R, AIELLO L M, et al. Smelly Maps:The Digital Life of Urban Smellscapes[C]//International Conference on Web and Social Media (ICWSM). Palo Alto:AAAI Press, 2015:327-336.

[150] ADAMS M, ASKINS K. Sensewalking:Sensory Walking Methods for Social Scientists[C]//Proceeding of the RGSIBG Annual Conference. Manchester, 2009:26-28.

[151] SOUTHWORTH M F. The sonic environment of cities[D]. Cambridge: Massachusetts Institute of Technology, 1967.

[152] 黄凌江,康健. 历史地段的声景——拉萨老城案例研究[J]. 新建筑, 2014(5):26-31.

[153] PHEASANT R, HOROSHENKOV K, WATTS G, et al. The Acoustic and Visual Factors Influencing the Construction of Tranquil Space in Urban and Rural Environments Tranquil Spaces-quiet Places?[J]. The Journal of the Acoustical Society of America, 2008, 123(3):1446-1457.

[154] 何谋,庞弘. 声景的研究与进展[J]. 风景园林,2016(5):88-97.

[155] WESTERKAMP H. Soundwalking Originally Published in Sound Heritage [J]. Sound Heritage, Volume Ⅲ Number 4, 1974.

[156] JEON J Y, LEE P J, HONG J Y, et al. Non-auditory Factors Affecting Urban Soundscape Evaluation[J]. The Journal of the Acoustical Society of America, 2011, 130(6): 3761-3770.

[157] LIU J, KANG J, BEHM H, et al. Effects of Landscape on Soundscape Perception:Soundwalks in City Parks[J]. Landscape and Urban Planning, 2014, 123:30-40.

[158] ADAMS M D, BRUCE N S, DAVIES W J, et al. Soundwalking as a Methodology for Understanding Soundscapes[C]//Proceedings of the Institute of Acoustics Spring Conference. Reading, 2008, 30(2):552-558.

[159] SEMIDOR C. Listening to a City with the Soundwalk Method[J]. Acta Acustica United with Acustica, 2006, 92(6):959-964.

[160] BERGLUND B, NILSSON M E. On a Tool for Measuring Soundscape Quality in Urban Residential Areas[J]. Acta Acustica United with Acustica, 2006, 92(6):938-944.

[161] BOUCHARD N. Le Théâtre de la Mémoire Olfactive:le Pouvoir des Odeurs à Modeler Notre Perception Spatiotemporelle de L'environnement[D/OL]. Montreal:Montreal University, 2013[2017-08-26].

[162] KANG J, SCHULTE-FORTKAMP B. Soundscape and the Built Environment [M]. Boca Raton:CRC Press, 2018.

[163] AXELSSON Ö, NILSSON M E, BERGLUND B. A Principal Components Model of Soundscape Perception[J]. The Journal of the Acoustical Society of America, 2010, 128(5):2836-2846.

[164] TSAI K T, LAI P R. The Research of the Interactions Between the Environmental Sound and Sight[C]//Proceedings of the 17th International Congress on Acoustics (ICA). Rome, 2001:CD-ROM.

[165] DALTON P, MAUTE C, OSHIDA A, et al. The Use of Semantic Differential Scaling to Define the Multidimensional Representation of Odors[J]. Journal of Sensory Studies, 2008, 23(4):485-497.

[166] ROYET J P, KOENIG O, GREGOIRE M C, et al. Functional Anatomy of Perceptual and Semantic Processing for Odors[J]. Journal of Cognitive Neuroscience, 1999, 11(1):94-109.

[167] BESTGEN A K, SCHULZE P, KUCHINKE L. Odor Emotional Quality Predicts Odor Identification[J]. Chemical Senses, 2015, 40(7):517-523.

[168] OSGOOD C E, SUCI G J, TANNENBAUM P H. The Measurement of Meaning[M]. Champaign:University of Illinois Press, 1957.

[169] JAMIESON S. Likert Scale:how to (ab) use them[J]. Medical Education,

2005, 38(12):1217-1218.

[170] 巫秀美,倪宗瓒. 因子分析在问卷调查中信度效度评价的应用[J]. 中国慢性病预防与控制,1998(1):28-31.

[171] 刘朝杰. 问卷的信度与效度评价[J]. 中国慢性病预防与控制,1997(4):174-177.

[172] 李乐山. 设计调查[M]. 北京:中国建筑工业出版社,2007,25-79.

[173] SCHWARZBÖCK T, BERLIN K W. Market Review on Available Instruments for Odour Measurement[R]. Berlin:Kompetenzzentrum Wasser, 2012.

[174] NICELL J A. Assessment and Regulation of Odour Impacts[J]. Atmospheric Environment, 2009, 43(1):196-206.

[175] CAPELLI L, SIRONI S, Rosso R D, et al. Measuring Odours in the Environment vs Dispersion Modelling: A review [J]. Atmospheric Environment, 2013, 79:731-743.

[176] RODAWAY P. Sensuous Geographies: Body, Sense and Place [M]. Abingdon:Routledge, 2011.

[177] ZAHORIK P. Assessing Auditory Distance Perception Using Virtual Acoustics[J]. Journal of the Acoustical Society of America, 2002, 111(4):1832-1846.

[178] WATZEK K A, ELLSWORTH J C. Perceived Scale Accuracy of Computer Visual Simulations[J]. Landscape Journal, 1994, 13(1):21-36.

[179] ENGEN T. Odor Sensation and Memory[M]. Westport:Praeger, 1991.

[180] 陈霞. 玫瑰芳香气味对心理注意功能的影响[J]. 学理论, 2011, 12(1):162-163.

[181] PAN Y, MENG Z. Influence of Attention on Visual and Auditory Masking Effect in Condition of Visual-auditory Dual Tasks[J]. Acta Acustica, 2013, 38(2):215-223.

[182] MENG Q, KANG J. Effect of Sound-related Activities on Human Behaviours

and Acoustic Comfort in Urban Open Spaces[J]. Science of the Total Environment, 2016, 573:481-493.

[183] 贾世卿. 声景环境下的人群行为研究[D]. 哈尔滨:哈尔滨工业大学,2012.

[184] YUAN W, TAN K H. A Model for Simulation of Crowd Behaviour in the Evacuation from a Smoke-filled Compartment[J]. Physica A: Statistical Mechanics and its Applications, 2011, 390(23-24):4210-4218.

[185] XIE H, KANG J, MILLS G H. Behavior Observation of Major Noise Sources in Critical Care Wards[J]. Journal of Critical Care, 2013, 28(6):1109. e5-1109. e18.

[186] LEPORE F, ALETTA F, ASTOLFI A, et al. A Preliminary Investigation about the Influence of Soundscapes on People's Behaviour in an Open Public Space[C]//INTER-NOISE and NOISE-CON Congress and Conference Proceedings. Washington D. C.: Institute of Noise Control Engineering, 2016, 253(7):1063-1068.

[187] MARUŠIĆ B G. Analysis of Patterns of Spatial Occupancy in Urban Open Space Using Behaviour Maps and GIS[J]. Urban Design International, 2011, 16(1):36-50.

[188] 王闯. 有关建筑用能的人行为模拟研究[D]. 北京:清华大学,2014.

[189] 陈帅. 城市休闲广场行为活力研究[D]. 长沙:中南大学,2009.

[190] MENG Q, ZHAO T, KANG J. Influence of Music on the Behaviors of Crowd in Urban Open Public Spaces[J]. Frontiers in psychology, 2018, 9:596.

[191] LAVIA L, WITCHEL H J, KANG J, et al. A Preliminary Soundscape Management Model for Added Sound in Public Spaces to Discourage Anti-social and Support Pro-social Effects on Public Behaviour[C]//Proceedings of DAGA. Aachen, 2016, 16:14-17.

[192] ALETTA F, LEPORE F, KOSTARA-KONSTANTINOU E, et al. An

Experimental Study on the Influence of Soundscapes on People's Behaviour in an Open Public Space[J]. Applied Sciences, 2016, 6(10):276.

[193] CALDWELL C, HIBBERT S A. Play That One Again: The Effect of Music Tempo on Consumer Behaviour in a Restaurant[J]. European Advances in Consumer Research, 1999, 4:58-62.

[194] SPANGENBERG E R, CROWLEY A E, HENDERSON P W. Improving the Store Environment: Do Olfactory Cues Affect Evaluations and Behaviors? [J]. Journal of Marketing, 1996, 60(2):67-80.

[195] 周雪. 散热风扇噪声分析及控制方法研究[D]. 成都:电子科技大学,2013.

[196] 马锦飞. 不同音乐条件对驾驶员注意及危险知觉的影响[D]. 大连:辽宁师范大学,2014.

[197] 陶蕾. 音乐对跑步训练的调适作用及应用研究[D]. 杭州:浙江工业大学,2017.

[198] MENG Q, KANG J. The Influence of Crowd Density on the Sound Environment of Commercial Pedestrian Streets [J]. Science of the Total Environment, 2015, 511:249-258.

[199] SINIBALDI G, MARINO L. Experimental Analysis on the Noise of Propellers for Small UAV[J]. Applied Acoustics, 2013, 74(1):79-88.

[200] HUSAIN G, THOMPSON W F, Schellenberg E G. Effects of Musical Tempo and Mode on Arousal, Mood, and Spatial Abilities[J]. Music Perception, 2002, 20(2):151-171.

[201] 叶鹏,王浩,高非非. 基于 GPS 的城市公共空间环境行为调查研究方法初探——以合肥市胜利广场为例[J]. 建筑学报,2012(S2):28-33.

[202] ZHANG X, BA M, KANG J, et al. Effect of Soundscape Dimensions on Acoustic Comfort in Urban Open Public Spaces[J]. Applied Acoustics, 2018, 133:73-81.

[203] LANGE E, BISHOP I D. Visualization in Landscape and Environmental Planning:Technology and Applications[M]. Abingdon:Taylor & Francis, 2005.

[204] YE P, WANG H, GAO F. A preliminary study on the research method of urban public space environment and behavior based on GPS:A case study of Shengli Square in Hefei[J]. Archit. J, 2012:28-33.

[205] 李潇. 健康影响评价与城市规划[J]. 城市问题,2014(5):15-21.

[206] ALVARSSON J J, WIENS S, Nilsson M E. Stress Recovery During Exposure to Nature Sound and Environmental Noise [J]. International Journal of Environmental Research and Public Health, 2010, 7(3):1036-1046.

[207] 黎莎. 论音乐节奏[J]. 当代音乐,2020(4):150-151.

[208] 苗青,赵祥升,杨美华,等. 芳香植物化学成分与有害物质研究进展[J]. 中草药,2013,44(8):1062-1068.

[209] 陈辉,张显. 浅析芳香植物的历史及在园林中的应用[J]. 陕西农业科学,2005,3:140-142.

[210] 吴硕贤. 中国古典园林的时间性设计[J]. 古建园林技术,2012(4):54-55.

[211] HOLL S, KWINTER S, SAFONT-TRIA J. Steven Holl:Color, Light, Time [M]. Zurich:Lars Müller, 2012:105.

附　录

实地感官漫步主要基本数据

表 1　测点声源的平均感知度

测点	交通声	音乐声	广播声	交谈声	脚步声	鸟鸣声
1	0.00	5.00	3.70	3.84	3.11	0.00
2	0.00	4.76	3.64	3.61	3.43	0.00
3	4.29	4.53	3.56	3.68	2.50	0.00
4	4.43	4.14	3.89	3.58	2.67	0.00
5	0.00	4.61	3.69	4.03	3.33	0.00
6	0.00	4.72	0.00	4.24	3.00	0.00
7	4.94	0.00	0.00	4.00	0.00	0.00
8	5.00	0.00	0.00	4.00	0.00	0.00
9	4.88	0.00	0.00	3.67	0.00	3.81
10	0.00	0.00	0.00	4.07	0.00	4.94
11	0.00	4.97	0.00	3.36	0.00	3.74

表 2　测点声源的感知概率

测点	交通声	音乐声	广播声	交谈声	脚步声	鸟鸣声
1	0.0	91.9	27.0	100.0	24.3	0.0
2	0.0	91.9	29.7	89.2	18.9	0.0
3	75.7	51.4	24.3	100.0	5.4	0.0
4	94.6	56.8	24.3	97.3	8.1	0.0
5	0.0	75.7	70.3	97.3	8.1	0.0
6	0.0	67.6	0.0	100.0	8.1	0.0
7	97.3	0.0	0.0	45.9	0.0	0.0
8	97.3	0.0	0.0	37.8	0.0	0.0
9	91.9	0.0	0.0	35.1	0.0	43.2
10	0.0	0.0	0.0	35.1	0.0	43.2
11	0.0	89.2	0.0	35.1	0.0	51.4

表3　测点单一感官源主观评价均值结果

评价指标		1	2	3	4	5	6	7	8	9	10	11
交谈声	声舒适度	3.09 (0.68)	2.70 (0.80)	3.00 (0.71)	2.62 (0.86)	2.85 (0.61)	3.10 (0.80)	—	—	3.56 (1.03)	3.50 (0.83)	3.40 (0.89)
	主观响度	3.00 (0.75)	3.40 (0.94)	3.38 (0.82)	3.69 (0.76)	3.62 (0.82)	3.47 (0.51)	—	—	2.13 (0.72)	2.35 (0.81)	2.20 (0.45)
	声协调度	3.36 (0.90)	3.15 (1.09)	2.97 (0.87)	2.79 (1.01)	3.15 (1.02)	3.23 (0.97)	—	—	3.88 (0.62)	3.85 (0.93)	3.80 (0.45)
交通声	声舒适度	—	—	2.50 (0.99)	2.03 (0.63)	—	—	2.08 (0.77)	1.71 (0.57)	2.00 (0.86)	—	—
	主观响度	—	—	3.75 (0.96)	4.10 (0.56)	—	—	3.78 (0.83)	3.46 (0.61)	3.65 (1.02)	—	—
	声协调度	—	—	2.50 (0.99)	2.21 (1.05)	—	—	2.61 (0.96)	2.09 (0.82)	1.87 (0.96)	—	—
音乐声	声舒适度	3.86 (0.77)	3.64 (0.86)	3.60 (1.00)	3.38 (1.09)	4.00 (0.86)	4.00 (0.58)	—	—	—	—	3.47 (1.02)
	主观响度	3.31 (0.68)	3.36 (0.78)	3.20 (0.83)	3.25 (1.07)	3.00 (1.41)	3.15 (0.38)	—	—	—	—	2.78 (0.83)
	声协调度	3.80 (0.87)	3.61 (0.83)	3.50 (1.00)	3.38 (1.20)	4.00 (0.86)	4.23 (0.60)	—	—	—	—	3.41 (1.10)
广播声	声舒适度	—	—	—	—	2.20 (0.89)	—	—	—	—	—	—
	主观响度	—	—	—	—	4.00 (0.86)	—	—	—	—	—	—
	声协调度	—	—	—	—	2.55 (1.10)	—	—	—	—	—	—
鸟鸣声	声舒适度	—	—	—	—	—	—	—	—	4.00 (0.58)	4.63 (0.52)	4.20 (0.84)
	主观响度	—	—	—	—	—	—	—	—	2.00 (0.86)	2.13 (0.35)	2.00 (0.73)
	声协调度	—	—	—	—	—	—	—	—	4.00 (0.98)	4.63 (0.52)	4.40 (0.89)

续表

评价指标		1	2	3	4	5	6	7	8	9	10	11
烤红肠气味	气味舒适度	3.08 (1.02)	—	—	—	—	—	—	—	—	—	—
	主观浓度	3.69 (0.95)	—	—	—	—	—	—	—	—	—	—
	气味协调度	3.00 (1.08)	—	—	—	—	—	—	—	—	—	—
面包房气味	气味舒适度	—	—	3.57 (0.99)	—	—	—	—	—	—	—	—
	主观浓度	—	—	3.17 (0.94)	—	—	—	—	—	—	—	—
	气味协调度	—	—	3.26 (1.05)	—	—	—	—	—	—	—	—
饭店油烟味	气味舒适度	—	—	—	—	3.00 (0.45)	3.19 (0.75)	—	—	—	—	—
	主观浓度	—	—	—	—	3.36 (0.51)	3.43 (0.68)	—	—	—	—	—
	气味协调度	—	—	—	—	3.09 (0.54)	3.29 (1.01)	—	—	—	—	—
下水道气味	气味舒适度	—	—	—	—	—	—	—	1.43 (0.54)	—	—	—
	主观浓度	—	—	—	—	—	—	—	3.71 (0.76)	—	—	—
	气味协调度	—	—	—	—	—	—	—	1.57 (0.79)	—	—	—
草木气味	气味舒适度	—	—	—	—	—	—	—	—	4.2 (0.70)	4.41 (0.80)	4.2 (0.97)
	主观浓度	—	—	—	—	—	—	—	—	2 (1.17)	2.41 (1.28)	2 (0.62)
	气味协调度	—	—	—	—	—	—	—	—	4.25 (0.97)	4.53 (0.86)	4.45 (0.61)

注:括号内为标准差。

表 4　声环境及气味环境主观评价均值结果

评价指标		1	2	3	4	5	6	7	8	9	10	11
声环境评价	声舒适度	3.59 (1.01)	3.08 (0.98)	2.86 (0.77)	2.46 (0.95)	3.14 (1.06)	3.30 (1.02)	2.59 (0.64)	2.22 (0.82)	3.86 (0.98)	3.97 (0.80)	3.65 (0.86)
	刺耳度	2.89 (1.35)	3.30 (0.85)	3.30 (0.77)	3.54 (0.91)	3.30 (0.88)	3.08 (1.01)	3.46 (0.80)	3.73 (0.77)	2.03 (1.07)	1.92 (0.86)	2.35 (1.06)
	声愉快度	3.49 (0.96)	3.03 (0.87)	2.81 (0.65)	2.51 (1.02)	3.24 (1.07)	3.43 (0.96)	2.54 (0.69)	2.43 (0.96)	3.81 (0.94)	3.97 (0.83)	3.81 (0.91)
	主观响度	3.24 (0.96)	3.51 (0.73)	3.68 (0.83)	3.97 (0.85)	3.51 (0.99)	3.38 (0.79)	3.49 (0.84)	3.95 (0.66)	2.08 (1.09)	2.00 (0.85)	2.57 (1.04)
	声喜好度	3.54 (1.02)	3.05 (0.88)	2.76 (0.95)	2.35 (0.96)	3.11 (1.20)	3.27 (1.10)	2.35 (0.89)	2.22 (0.85)	3.97 (0.96)	4.11 (0.81)	3.59 (0.87)
	声熟悉度	3.59 (0.93)	3.54 (1.04)	3.57 (1.26)	3.54 (0.96)	3.51 (0.90)	3.51 (0.93)	3.65 (0.89)	3.59 (0.93)	3.57 (1.02)	3.62 (1.09)	3.62 (0.98)
	强度	3.62 (0.83)	3.95 (0.82)	3.54 (0.87)	3.73 (1.07)	3.76 (0.83)	3.59 (0.76)	3.49 (0.90)	3.62 (0.79)	2.41 (1.09)	2.14 (1.06)	2.86 (1.06)
	兴奋度	3.30 (0.85)	3.89 (0.77)	3.78 (0.60)	4.03 (0.82)	3.86 (0.75)	3.59 (0.90)	3.35 (0.92)	3.76 (0.76)	2.27 (1.26)	1.95 (0.85)	2.49 (0.96)
	事件感	3.68 (1.03)	3.14 (1.08)	3.05 (0.96)	2.73 (1.05)	3.35 (0.89)	3.00 (1.03)	1.81 (0.97)	1.78 (1.03)	2.81 (1.15)	2.70 (1.24)	2.86 (1.08)
	混乱度	3.73 (0.84)	3.41 (0.96)	3.14 (1.18)	2.95 (1.08)	3.16 (1.04)	3.68 (1.13)	2.43 (0.93)	2.54 (1.15)	3.19 (0.81)	3.49 (1.04)	3.46 (0.96)
	声协调度	3.78 (0.71)	3.46 (0.65)	2.73 (1.16)	2.62 (1.12)	3.30 (1.00)	3.57 (0.99)	2.92 (0.95)	2.68 (1.06)	3.84 (0.99)	4.16 (0.90)	3.38 (1.04)
气味环境评价	气味舒适度	3.76 (0.83)	3.38 (0.92)	3.35 (0.86)	3.22 (1.00)	3.27 (0.93)	3.49 (0.90)	2.81 (0.70)	2.59 (0.87)	3.73 (0.99)	3.97 (0.96)	3.78 (0.67)
	主观浓度	3.43 (0.87)	2.70 (1.15)	3.41 (0.96)	2.92 (0.86)	3.62 (0.68)	3.84 (0.76)	2.73 (1.19)	3.57 (0.84)	2.03 (0.87)	1.97 (0.76)	2.16 (1.01)
	气味喜好度	3.62 (0.83)	3.22 (0.98)	3.49 (0.84)	3.00 (0.94)	3.57 (0.93)	3.57 (0.84)	3.03 (0.69)	2.46 (0.73)	3.95 (0.94)	4.22 (0.75)	3.92 (0.72)
	新鲜度	3.54 (0.96)	3.35 (0.89)	3.57 (0.65)	3.16 (0.99)	3.30 (1.00)	3.41 (0.80)	3.14 (0.82)	2.51 (0.68)	3.86 (0.92)	3.86 (1.03)	3.76 (0.98)

续表

	评价指标	1	2	3	4	5	6	7	8	9	10	11
气味环境评价	气味熟悉度	3.24 (0.98)	3.24 (1.09)	3.30 (0.81)	3.22 (1.11)	3.43 (0.99)	3.41 (0.93)	3.30 (0.97)	3.38 (0.95)	3.54 (0.87)	3.65 (0.92)	3.51 (0.96)
	刺鼻度	3.00 (0.58)	2.73 (0.99)	3.05 (1.03)	2.84 (0.99)	2.54 (1.02)	2.89 (0.97)	2.78 (0.95)	3.62 (0.72)	2.16 (0.96)	2.05 (1.05)	2.05 (0.74)
	单一度	2.38 (1.01)	3.08 (0.86)	2.68 (1.18)	3.03 (0.73)	2.43 (0.84)	2.38 (1.01)	3.49 (0.84)	3.24 (1.07)	3.68 (0.88)	3.92 (0.98)	3.86 (1.03)
	自然度	2.54 (1.07)	3.08 (0.68)	2.27 (0.84)	3.05 (0.74)	2.19 (0.66)	2.14 (1.06)	3.08 (0.83)	2.46 (0.90)	4.00 (1.08)	4.30 (0.91)	4.05 (1.08)
	烦躁度	2.78 (0.89)	2.97 (0.93)	2.70 (0.78)	3.00 (0.85)	3.11 (0.70)	3.03 (0.80)	3.05 (1.08)	3.78 (0.71)	2.03 (0.96)	1.92 (0.83)	2.19 (1.08)
	洁净度	3.62 (0.83)	3.43 (0.80)	3.24 (0.93)	3.24 (0.90)	3.51 (0.93)	3.24 (0.64)	3.05 (0.97)	2.57 (0.80)	4.00 (0.94)	4.30 (0.78)	3.86 (0.92)
	气味协调度	3.69 (0.82)	3.33 (0.96)	3.35 (0.82)	3.11 (0.94)	3.30 (0.88)	3.49 (0.87)	3.08 (0.86)	2.70 (0.70)	3.97 (1.09)	4.27 (0.87)	4.11 (0.74)

注:括号内为标准差。

实验室研究主要基本数据

表 5　声舒适度主观评价均值结果

		声音种类及音量								
		鸟鸣声			交谈声			交通声		
		低	中	高	低	中	高	低	中	高
气味种类及浓度	丁香花气味	无	4.17(0.82)	4.27(0.68)	3.41(0.96)	3.40(0.82)	2.73(0.83)	2.06(0.58)	2.97(0.84)	2.38(0.81)	1.99(0.63)
		低	4.19(0.61)	4.08(0.74)	3.42(0.97)	3.42(0.56)	2.77(0.55)	2.12(0.63)	3.04(0.88)	2.58(0.97)	2.00(0.60)
		中	4.24(0.71)	4.00(0.66)	3.57(0.70)	3.54(0.71)	2.96(0.91)	2.26(0.73)	3.15(0.96)	2.85(0.87)	2.22(0.75)
		高	4.20(0.68)	3.98(0.67)	3.75(0.72)	3.50(0.86)	2.93(0.88)	2.40(0.85)	3.10(0.88)	2.73(0.74)	2.50(0.64)
	桂花气味	无	4.17(0.82)	4.27(0.68)	3.41(0.96)	3.40(0.82)	2.73(0.83)	2.06(0.58)	2.97(0.84)	2.38(0.81)	1.99(0.63)
		低	4.23(0.65)	4.08(0.68)	3.42(0.74)	3.46(0.42)	2.89(0.66)	2.08(0.65)	3.08(0.82)	2.58(0.62)	2.04(0.73)
		中	4.28(0.55)	3.98(0.55)	3.52(0.72)	3.55(0.60)	3.02(0.70)	2.20(0.78)	3.20(0.72)	2.83(0.72)	2.13(0.80)
		高	4.25(0.67)	3.95(0.67)	3.80(0.56)	3.48(0.67)	2.98(0.77)	2.50(0.96)	3.18(0.75)	2.80(0.67)	2.50(0.66)
	咖啡气味	无	4.17(0.82)	4.27(0.68)	3.41(0.96)	3.40(0.82)	2.73(0.83)	2.06(0.58)	2.97(0.84)	2.38(0.81)	1.99(0.63)
		低	4.08(0.93)	4.15(0.58)	3.35(0.85)	3.54(0.64)	2.85(0.80)	1.96(0.58)	3.08(0.44)	2.42(0.62)	1.92(0.86)
		中	4.02(1.00)	4.07(0.75)	3.48(0.88)	3.63(0.72)	2.96(0.86)	2.17(0.66)	3.15(0.60)	2.52(0.90)	2.13(0.79)
		高	4.03(0.89)	4.08(0.62)	3.63(0.96)	3.55(0.59)	3.25(0.84)	2.48(0.74)	3.13(0.75)	2.78(0.77)	2.63(0.87)

续表

气味种类及浓度			声音种类及音量								
			鸟鸣声			交谈声			交通声		
			低	中	高	低	中	高	低	中	高
气味种类及浓度	面包气味	无	4.17 (0.82)	4.27 (0.68)	3.41 (0.96)	3.40 (0.82)	2.73 (0.83)	2.06 (0.58)	2.97 (0.84)	2.38 (0.81)	1.99 (0.63)
		低	4.12 (0.77)	4.15 (0.54)	3.31 (1.00)	3.42 (0.65)	2.77 (0.68)	2.04 (0.73)	3.00 (0.79)	2.39 (0.87)	1.92 (0.74)
		中	4.09 (0.82)	4.11 (0.53)	3.46 (0.76)	3.48 (0.76)	2.96 (0.85)	2.20 (0.66)	3.09 (0.89)	2.59 (0.95)	2.11 (0.77)
		高	4.05 (0.69)	4.08 (0.64)	3.68 (0.89)	3.45 (0.87)	3.30 (0.82)	2.40 (0.82)	3.10 (0.61)	2.75 (0.77)	2.33 (0.72)

注:括号内为标准差。

表6 声喜好度主观评价均值结果

			声音种类及音量							
			鸟鸣声			交谈声			交通声		
			低	中	高	低	中	高	低	中	高
气味种类及浓度	丁香花气味	无	4.02 (0.83)	4.15 (0.79)	3.34 (0.89)	2.96 (0.92)	2.49 (0.76)	1.94 (0.67)	2.46 (0.85)	2.19 (0.81)	1.87 (0.69)
		低	4.04 (0.81)	3.92 (0.56)	3.42 (1.01)	3.15 (0.78)	2.50 (0.66)	2.00 (0.66)	2.50 (0.93)	2.23 (0.92)	1.89 (0.94)
		中	4.09 (0.69)	3.91 (0.68)	3.50 (0.79)	3.28 (0.75)	2.70 (0.96)	2.04 (0.66)	2.67 (0.89)	2.54 (0.90)	1.98 (0.75)
		高	4.08 (0.64)	3.78 (0.82)	3.75 (0.81)	3.23 (0.92)	2.68 (0.79)	2.33 (0.88)	2.63 (0.76)	2.60 (0.69)	2.25 (0.56)
	桂花气味	无	4.02 (0.83)	4.15 (0.79)	3.34 (0.89)	2.96 (0.92)	2.49 (0.76)	1.94 (0.67)	2.46 (0.85)	2.19 (0.81)	1.87 (0.69)
		低	4.04 (0.85)	4.04 (0.67)	3.27 (0.83)	3.00 (0.53)	2.58 (0.71)	1.89 (0.77)	2.58 (0.95)	2.23 (0.55)	1.85 (0.83)
		中	4.11 (0.68)	4.04 (0.57)	3.28 (0.77)	3.26 (0.68)	2.59 (0.77)	1.94 (0.82)	2.78 (0.81)	2.44 (0.91)	1.96 (0.83)
		高	4.05 (0.84)	3.93 (0.79)	3.40 (0.90)	3.20 (0.68)	2.68 (0.80)	2.33 (0.95)	2.70 (0.75)	2.43 (0.68)	2.10 (0.69)
	咖啡气味	无	4.02 (0.83)	4.15 (0.79)	3.34 (0.89)	2.96 (0.92)	2.49 (0.76)	1.94 (0.67)	2.46 (0.85)	2.19 (0.81)	1.87 (0.69)
		低	3.92 (0.91)	4.04 (0.54)	3.42 (0.86)	3.12 (0.60)	2.54 (0.58)	1.85 (0.54)	2.54 (0.76)	2.23 (0.87)	1.77 (0.70)
		中	3.87 (0.95)	3.91 (0.84)	3.50 (1.00)	3.22 (0.90)	2.76 (0.85)	2.02 (0.62)	2.70 (0.77)	2.33 (0.87)	1.96 (0.70)
		高	3.85 (0.85)	3.88 (0.67)	3.65 (0.98)	3.20 (0.72)	2.95 (0.94)	2.20 (0.77)	2.68 (0.60)	2.58 (0.64)	2.35 (0.80)
	面包气味	无	4.02 (0.83)	4.15 (0.79)	3.34 (0.89)	2.96 (0.92)	2.49 (0.76)	1.94 (0.67)	2.46 (0.85)	2.19 (0.81)	1.87 (0.69)
		低	3.96 (0.83)	4.08 (0.48)	3.39 (0.77)	3.00 (0.60)	2.50 (0.72)	1.92 (0.71)	2.46 (0.78)	2.19 (0.88)	1.81 (0.78)
		中	3.94 (0.79)	4.02 (0.69)	3.46 (0.84)	3.13 (1.07)	2.70 (0.89)	2.09 (0.82)	2.59 (0.80)	2.26 (0.88)	1.96 (0.86)
		高	3.90 (0.54)	3.93 (0.72)	3.68 (0.85)	3.08 (0.79)	2.65 (0.68)	2.20 (0.75)	2.55 (0.78)	2.33 (0.79)	2.05 (0.48)

注：括号内为标准差。

表7 声熟悉度主观评价均值结果

			声音种类及音量								
			鸟鸣声			交谈声			交通声		
			低	中	高	低	中	高	低	中	高
气味种类及浓度	丁香花气味	无	4.21 (0.80)	4.30 (0.70)	4.27 (0.67)	4.23 (0.73)	4.34 (0.65)	4.21 (0.62)	4.19 (0.92)	4.32 (0.74)	4.24 (0.82)
		低	4.31 (0.67)	4.35 (0.64)	4.31 (0.70)	4.31 (0.73)	4.35 (0.58)	4.27 (0.71)	4.27 (0.88)	4.35 (0.64)	4.27 (0.73)
		中	4.33 (0.69)	4.39 (0.70)	4.30 (0.64)	4.33 (0.62)	4.37 (0.56)	4.26 (0.88)	4.28 (0.77)	4.35 (0.69)	4.28 (0.82)
		高	4.33 (0.62)	4.38 (0.62)	4.30 (0.67)	4.25 (0.70)	4.35 (0.70)	4.25 (0.69)	4.25 (0.56)	4.35 (0.51)	4.28 (0.56)
	桂花气味	无	4.21 (0.80)	4.30 (0.70)	4.27 (0.67)	4.23 (0.73)	4.34 (0.65)	4.21 (0.62)	4.19 (0.92)	4.32 (0.74)	4.24 (0.82)
		低	4.27 (0.73)	4.35 (0.73)	4.35 (0.75)	4.27 (0.73)	4.35 (0.78)	4.27 (0.76)	4.23 (0.73)	4.35 (0.87)	4.31 (0.78)
		中	4.26 (0.68)	4.33 (0.67)	4.35 (0.72)	4.22 (0.66)	4.30 (0.75)	4.26 (0.81)	4.24 (0.66)	4.30 (0.74)	4.30 (0.82)
		高	4.28 (0.72)	4.28 (0.79)	4.28 (0.87)	4.23 (0.88)	4.23 (0.82)	4.23 (0.87)	4.23 (0.74)	4.25 (0.72)	4.25 (0.61)
	咖啡气味	无	4.21 (0.80)	4.30 (0.70)	4.27 (0.67)	4.23 (0.73)	4.34 (0.65)	4.21 (0.62)	4.19 (0.92)	4.32 (0.74)	4.24 (0.82)
		低	4.31 (0.67)	4.39 (0.60)	4.35 (0.58)	4.31 (0.65)	4.35 (0.58)	4.27 (0.73)	4.31 (0.67)	4.35 (0.70)	4.31 (0.58)
		中	4.33 (0.67)	4.41 (0.51)	4.33 (0.59)	4.30 (0.71)	4.35 (0.46)	4.26 (0.76)	4.33 (0.53)	4.37 (0.54)	4.30 (0.64)
		高	4.38 (0.66)	4.43 (0.58)	4.33 (0.64)	4.35 (0.70)	4.38 (0.73)	4.25 (0.72)	4.33 (0.64)	4.40 (0.61)	4.28 (0.69)
	面包气味	无	4.21 (0.80)	4.30 (0.70)	4.27 (0.67)	4.23 (0.73)	4.34 (0.65)	4.21 (0.62)	4.19 (0.92)	4.32 (0.74)	4.24 (0.82)
		低	4.23 (0.71)	4.35 (0.61)	4.31 (0.76)	4.23 (0.79)	4.31 (0.67)	4.27 (0.62)	4.23 (0.83)	4.35 (0.70)	4.31 (0.67)
		中	4.24 (0.71)	4.33 (0.59)	4.30 (0.69)	4.24 (0.69)	4.28 (0.71)	4.24 (0.93)	4.24 (0.91)	4.30 (0.80)	4.26 (0.73)
		高	4.25 (0.69)	4.35 (0.60)	4.28 (0.67)	4.23 (0.74)	4.30 (0.83)	4.23 (0.88)	4.20 (0.80)	4.33 (0.72)	4.28 (0.61)

注:括号内为标准差。

表8　主观响度主观评价均值结果

			声音种类及音量							
			鸟鸣声			交谈声			交通声		
			低	中	高	低	中	高	低	中	高
气味种类及浓度	丁香花气味	无	2.22 (0.44)	3.24 (0.34)	4.13 (0.26)	2.30 (0.55)	3.28 (0.76)	4.35 (0.60)	2.35 (0.73)	3.30 (0.74)	4.27 (0.41)
		低	2.15 (0.75)	3.04 (0.54)	3.89 (0.45)	2.27 (0.43)	3.15 (0.31)	4.35 (0.54)	2.31 (0.55)	3.19 (0.61)	4.23 (0.65)
		中	2.00 (0.74)	2.94 (0.67)	3.67 (0.69)	2.22 (0.29)	3.07 (0.40)	4.30 (0.51)	2.24 (0.78)	3.04 (0.44)	4.07 (0.48)
		高	2.00 (0.32)	2.88 (0.62)	3.55 (0.57)	2.20 (0.37)	3.03 (0.41)	4.15 (0.66)	2.23 (0.44)	3.00 (0.53)	3.83 (0.46)
	桂花气味	无	2.22 (0.44)	3.24 (0.34)	4.13 (0.26)	2.30 (0.55)	3.28 (0.76)	4.35 (0.60)	2.35 (0.73)	3.30 (0.74)	4.27 (0.41)
		低	2.08 (0.74)	2.96 (0.88)	4.04 (0.51)	2.27 (0.51)	3.12 (0.49)	4.31 (0.47)	2.27 (0.58)	3.19 (0.65)	4.27 (0.47)
		中	1.89 (0.73)	2.80 (0.59)	3.80 (0.74)	2.22 (0.42)	3.04 (0.36)	4.26 (0.61)	2.24 (0.74)	3.11 (0.47)	4.22 (0.71)
		高	1.85 (0.36)	2.73 (0.77)	3.68 (0.66)	2.20 (0.29)	3.03 (0.44)	4.18 (0.75)	2.20 (0.49)	3.10 (0.47)	4.05 (0.76)
	咖啡气味	无	2.22 (0.44)	3.24 (0.34)	4.13 (0.26)	2.30 (0.55)	3.28 (0.76)	4.35 (0.60)	2.35 (0.73)	3.30 (0.74)	4.27 (0.41)
		低	2.00 (0.89)	3.00 (0.69)	3.96 (0.98)	2.15 (0.42)	3.00 (0.40)	4.19 (0.37)	2.23 (0.47)	3.15 (0.87)	4.15 (0.58)
		中	1.85 (0.60)	2.78 (0.78)	3.80 (0.81)	2.09 (0.41)	2.83 (0.44)	3.89 (0.68)	2.20 (0.55)	3.04 (0.65)	3.94 (0.31)
		高	1.80 (0.33)	2.60 (0.74)	3.73 (0.61)	2.03 (0.49)	2.68 (0.43)	3.75 (0.46)	2.08 (0.56)	2.98 (0.37)	3.83 (0.54)
	面包气味	无	2.22 (0.44)	3.24 (0.34)	4.13 (0.26)	2.30 (0.55)	3.28 (0.76)	4.35 (0.60)	2.35 (0.73)	3.30 (0.74)	4.27 (0.41)
		低	2.04 (0.85)	3.15 (0.58)	4.04 (0.42)	2.15 (0.46)	3.19 (0.73)	4.23 (0.38)	2.23 (0.55)	3.23 (0.88)	4.12 (0.53)
		中	1.94 (0.67)	3.02 (0.67)	3.87 (0.56)	1.98 (0.46)	3.09 (0.51)	4.04 (0.76)	2.11 (0.36)	3.17 (0.51)	3.96 (0.36)
		高	1.93 (0.54)	2.83 (0.74)	3.85 (0.70)	1.95 (0.55)	2.90 (0.38)	3.95 (0.22)	2.10 (0.34)	3.03 (0.25)	3.88 (0.45)

注:括号内为标准差。

表 9　气味舒适度主观评价均值结果

			声音种类及音量											
			鸟鸣声				交谈声				交通声			
			无	低	中	高	无	低	中	高	无	低	中	高
气味种类及浓度	丁香花气味	低	3.50 (0.49)	3.58 (0.93)	3.54 (0.96)	3.35 (0.92)	3.50 (0.49)	3.46 (1.00)	3.39 (0.77)	3.19 (0.86)	3.50 (0.49)	3.23 (0.68)	3.12 (0.82)	3.00 (0.63)
		中	3.67 (0.59)	3.63 (0.70)	3.59 (0.64)	3.48 (0.66)	3.67 (0.59)	3.65 (0.62)	3.54 (0.44)	3.22 (0.57)	3.67 (0.59)	3.44 (0.60)	3.28 (0.53)	3.24 (0.55)
		高	3.18 (0.70)	3.35 (0.89)	3.28 (0.98)	3.13 (0.86)	3.18 (0.70)	3.13 (0.81)	3.08 (0.74)	2.98 (0.74)	3.18 (0.70)	3.03 (0.92)	2.93 (0.72)	2.88 (0.97)
	桂花气味	低	3.50 (0.44)	3.58 (0.89)	3.54 (0.61)	3.42 (0.71)	3.50 (0.44)	3.39 (0.57)	3.35 (0.70)	3.27 (0.68)	3.50 (0.44)	3.42 (0.77)	3.35 (0.70)	3.31 (0.65)
		中	3.65 (0.88)	3.61 (0.96)	3.57 (0.88)	3.44 (0.82)	3.65 (0.88)	3.48 (0.90)	3.39 (0.74)	3.33 (0.82)	3.65 (0.88)	3.52 (0.93)	3.44 (0.83)	3.41 (0.80)
		高	3.33 (0.70)	3.43 (0.74)	3.38 (0.96)	3.18 (0.58)	3.33 (0.70)	3.23 (0.74)	3.13 (0.73)	3.08 (0.68)	3.33 (0.70)	3.20 (0.82)	3.13 (0.62)	3.10 (0.69)
	咖啡气味	低	3.58 (0.77)	3.35 (0.75)	3.46 (0.73)	3.15 (0.70)	3.58 (0.77)	3.39 (0.80)	3.08 (0.99)	2.96 (0.78)	3.58 (0.77)	3.35 (0.67)	3.31 (0.78)	3.27 (0.81)
		中	3.87 (0.65)	3.48 (0.75)	3.54 (0.63)	3.24 (0.68)	3.87 (0.65)	3.61 (0.74)	3.37 (0.80)	3.22 (0.78)	3.87 (0.65)	3.61 (0.59)	3.54 (0.61)	3.48 (0.79)
		高	3.98 (1.04)	3.63 (0.93)	3.68 (0.91)	3.58 (0.89)	3.98 (1.04)	3.70 (1.01)	3.40 (0.92)	3.25 (1.11)	3.98 (1.04)	3.68 (0.77)	3.60 (0.95)	3.55 (1.08)
	面包气味	低	3.54 (0.64)	3.31 (0.55)	3.42 (0.59)	3.23 (0.58)	3.54 (0.64)	3.23 (0.51)	3.42 (0.52)	3.19 (0.61)	3.54 (0.64)	3.27 (0.47)	3.23 (0.51)	3.12 (0.57)
		中	3.72 (0.55)	3.41 (0.66)	3.52 (0.72)	3.37 (0.56)	3.72 (0.55)	3.41 (0.41)	3.48 (0.41)	3.20 (0.55)	3.72 (0.55)	3.35 (0.54)	3.33 (0.53)	3.20 (0.41)
		高	3.78 (0.69)	3.50 (1.10)	3.58 (0.89)	3.48 (0.92)	3.78 (0.69)	3.53 (0.84)	3.58 (0.91)	3.28 (0.77)	3.78 (0.69)	3.43 (0.77)	3.38 (0.98)	3.23 (0.82)

注:括号内为标准差。

表 10　气味喜好度主观评价均值结果

			声音种类及音量											
			鸟鸣声				交谈声				交通声			
			无	低	中	高	无	低	中	高	无	低	中	高
气味种类及浓度	丁香花气味	低	3.39 (0.63)	3.50 (0.69)	3.42 (0.68)	3.31 (0.61)	3.39 (0.63)	3.35 (0.73)	3.31 (0.78)	3.23 (0.51)	3.39 (0.63)	3.15 (0.54)	3.08 (0.65)	3.04 (0.61)
		中	3.67 (0.59)	3.65 (0.62)	3.57 (0.60)	3.35 (0.65)	3.67 (0.59)	3.63 (0.50)	3.54 (0.49)	3.37 (0.43)	3.67 (0.59)	3.37 (0.65)	3.20 (0.53)	3.15 (0.54)
		高	3.20 (0.83)	3.25 (0.88)	3.20 (0.92)	3.15 (0.94)	3.20 (0.83)	3.18 (1.05)	3.05 (0.83)	2.95 (0.93)	3.20 (0.83)	3.05 (0.99)	2.88 (0.89)	2.78 (0.94)
	桂花气味	低	3.35 (0.42)	3.46 (0.81)	3.39 (0.57)	3.23 (0.62)	3.35 (0.42)	3.23 (0.47)	3.15 (0.70)	3.12 (0.63)	3.35 (0.42)	3.23 (0.68)	3.15 (0.61)	3.15 (0.58)
		中	3.59 (0.89)	3.59 (0.92)	3.57 (0.97)	3.39 (0.80)	3.59 (0.89)	3.50 (0.88)	3.41 (0.81)	3.37 (0.89)	3.59 (0.89)	3.41 (0.92)	3.37 (0.91)	3.33 (0.82)
		高	3.28 (0.70)	3.33 (0.80)	3.30 (0.79)	3.05 (0.71)	3.28 (0.70)	3.18 (0.79)	3.13 (0.71)	3.05 (0.83)	3.28 (0.70)	3.05 (0.76)	2.98 (0.56)	2.93 (0.75)
	咖啡气味	低	3.39 (0.82)	3.19 (0.88)	3.27 (0.94)	3.12 (0.98)	3.39 (0.82)	3.31 (0.78)	3.12 (0.94)	2.96 (0.96)	3.39 (0.82)	3.35 (0.75)	3.31 (0.67)	3.31 (0.78)
		中	3.80 (0.74)	3.37 (0.80)	3.39 (0.77)	3.26 (0.78)	3.80 (0.74)	3.52 (0.64)	3.33 (0.84)	3.00 (0.90)	3.80 (0.74)	3.52 (0.50)	3.46 (0.59)	3.44 (0.86)
		高	3.90 (0.95)	3.60 (0.87)	3.65 (0.66)	3.55 (0.69)	3.90 (0.95)	3.73 (0.84)	3.38 (0.78)	3.13 (1.02)	3.90 (0.95)	3.63 (0.66)	3.55 (0.69)	3.50 (1.02)
	面包气味	低	3.35 (0.87)	3.12 (0.57)	3.19 (0.55)	3.04 (0.54)	3.35 (0.87)	3.23 (0.68)	3.15 (0.75)	3.04 (0.70)	3.35 (0.87)	2.92 (0.68)	2.85 (0.67)	2.85 (0.78)
		中	3.61 (0.68)	3.20 (0.72)	3.26 (0.71)	3.11 (0.65)	3.61 (0.68)	3.35 (0.76)	3.26 (0.74)	3.11 (0.65)	3.61 (0.68)	3.20 (0.53)	3.15 (0.56)	3.02 (0.70)
		高	3.70 (0.85)	3.28 (0.91)	3.38 (0.73)	3.23 (0.95)	3.70 (0.85)	3.48 (0.72)	3.30 (0.98)	3.20 (0.79)	3.70 (0.85)	3.33 (0.75)	3.25 (0.88)	3.13 (0.90)

注:括号内为标准差。

表 11　气味熟悉度主观评价均值结果

气味种类及浓度		鸟鸣声 无	鸟鸣声 低	鸟鸣声 中	鸟鸣声 高	交谈声 无	交谈声 低	交谈声 中	交谈声 高	交通声 无	交通声 低	交通声 中	交通声 高
丁香花气味	低	3.85 (0.64)	3.89 (0.53)	3.85 (0.58)	3.89 (0.53)	3.85 (0.64)	3.81 (0.55)	3.85 (0.67)	3.81 (0.55)	3.85 (0.64)	3.81 (0.58)	3.81 (0.58)	3.81 (0.58)
	中	3.87 (0.60)	3.94 (0.60)	3.91 (0.57)	3.96 (0.63)	3.87 (0.60)	3.85 (0.60)	3.87 (0.63)	3.85 (0.58)	3.87 (0.60)	3.85 (0.62)	3.83 (0.55)	3.83 (0.55)
	高	3.98 (0.65)	4.03 (0.65)	4.00 (0.64)	4.08 (0.62)	3.98 (0.65)	4.00 (0.64)	3.98 (0.52)	4.00 (0.66)	3.98 (0.65)	3.90 (0.63)	3.93 (0.54)	3.98 (0.65)
桂花气味	低	3.77 (0.47)	3.69 (0.78)	3.69 (0.88)	3.77 (0.81)	3.77 (0.47)	3.81 (0.51)	3.77 (0.55)	3.77 (0.43)	3.77 (0.47)	3.73 (0.55)	3.69 (0.55)	3.69 (0.51)
	中	3.78 (0.66)	3.78 (0.75)	3.83 (0.74)	3.80 (0.69)	3.78 (0.66)	3.83 (0.78)	3.78 (0.78)	3.83 (0.78)	3.78 (0.66)	3.74 (0.80)	3.72 (0.85)	3.74 (0.85)
	高	3.88 (0.53)	3.83 (0.62)	3.85 (0.66)	3.85 (0.45)	3.88 (0.53)	3.90 (0.59)	3.85 (0.60)	3.88 (0.62)	3.88 (0.53)	3.83 (0.74)	3.80 (0.61)	3.80 (0.61)
咖啡气味	低	3.92 (0.59)	3.96 (0.46)	3.89 (0.53)	3.96 (0.46)	3.92 (0.59)	3.92 (0.59)	4.00 (0.53)	3.92 (0.48)	3.92 (0.59)	3.89 (0.49)	3.92 (0.48)	3.89 (0.53)
	中	4.11 (0.39)	4.04 (0.36)	4.07 (0.40)	4.04 (0.36)	4.11 (0.39)	4.15 (0.48)	4.09 (0.48)	4.13 (0.54)	4.11 (0.39)	4.11 (0.47)	4.07 (0.43)	4.07 (0.48)
	高	4.20 (1.18)	4.20 (0.89)	4.18 (0.82)	4.18 (0.79)	4.20 (1.18)	4.18 (0.79)	4.13 (0.67)	4.18 (0.70)	4.20 (1.18)	4.23 (0.87)	4.15 (0.89)	4.18 (0.93)
面包气味	低	3.92 (0.52)	3.85 (0.54)	3.85 (0.50)	3.92 (0.56)	3.92 (0.52)	3.89 (0.63)	3.92 (0.59)	3.89 (0.60)	3.92 (0.52)	3.96 (0.78)	3.89 (0.63)	3.96 (0.64)
	中	3.96 (0.44)	3.94 (0.62)	3.94 (0.54)	3.96 (0.61)	3.96 (0.44)	3.96 (0.55)	3.94 (0.67)	3.98 (0.75)	3.96 (0.44)	4.00 (0.58)	3.98 (0.52)	3.98 (0.48)
	高	4.10 (0.92)	4.05 (0.96)	4.08 (0.83)	4.08 (0.89)	4.10 (0.92)	4.03 (0.96)	4.05 (0.91)	4.03 (0.87)	4.10 (0.92)	4.13 (0.86)	4.08 (0.89)	4.08 (0.91)

注：括号内为标准差。

表12　主观浓度主观评价均值结果

		声音种类及音量											
		鸟鸣声				交谈声				交通声			
		无	低	中	高	无	低	中	高	无	低	中	高
气味种类及浓度													
丁香花气味	低	2.27(0.32)	2.19(0.32)	2.04(0.24)	1.81(0.42)	2.27(0.32)	2.04(0.46)	1.92(0.52)	1.77(0.38)	2.27(0.32)	2.19(0.37)	1.92(0.62)	1.73(0.32)
	中	3.07(0.64)	2.85(0.48)	2.54(0.70)	2.48(0.66)	3.07(0.64)	2.78(0.51)	2.39(0.85)	2.30(0.71)	3.07(0.64)	2.87(0.54)	2.46(0.70)	2.33(0.59)
	高	4.00(0.45)	3.83(0.37)	3.60(0.67)	3.28(0.69)	4.00(0.45)	3.60(0.54)	3.13(1.02)	3.10(0.79)	4.00(0.45)	3.65(0.42)	3.25(0.74)	3.18(0.54)
桂花气味	低	2.19(0.37)	2.04(0.46)	1.81(0.51)	1.71(0.56)	2.19(0.37)	2.08(0.44)	1.81(0.44)	1.72(0.36)	2.19(0.37)	2.00(0.34)	1.85(0.61)	1.81(0.51)
	中	3.00(0.68)	2.88(0.42)	2.61(0.55)	2.37(0.80)	3.00(0.68)	2.85(0.51)	2.64(0.66)	2.60(0.63)	3.00(0.68)	2.81(0.45)	2.54(0.72)	2.54(0.58)
	高	4.00(0.50)	3.74(0.54)	3.35(0.55)	3.18(0.70)	4.00(0.50)	3.80(0.65)	3.45(0.35)	3.42(0.40)	4.00(0.50)	3.59(0.48)	3.40(0.52)	3.39(0.63)
咖啡气味	低	2.31(0.25)	2.18(0.58)	1.81(0.58)	1.62(0.60)	2.31(0.25)	1.96(0.46)	1.62(0.60)	1.56(0.50)	2.31(0.25)	1.89(0.66)	1.73(0.58)	1.71(0.41)
	中	3.09(0.55)	3.01(0.55)	2.80(0.77)	2.54(0.88)	3.09(0.55)	2.76(0.69)	2.39(0.85)	2.36(0.75)	3.09(0.55)	2.69(0.63)	2.58(0.82)	2.61(0.61)
	高	4.08(0.56)	3.88(0.62)	3.55(0.76)	3.38(0.64)	4.08(0.56)	3.75(0.63)	3.43(0.68)	3.43(0.69)	4.08(0.56)	3.75(0.44)	3.53(0.61)	3.52(0.65)
面包气味	低	2.31(0.25)	2.21(0.52)	1.96(0.42)	1.92(0.34)	2.31(0.25)	2.04(0.51)	1.73(0.65)	1.68(0.54)	2.31(0.25)	2.08(0.47)	1.96(0.44)	1.92(0.48)
	中	3.07(0.34)	2.96(0.49)	2.76(0.65)	2.65(0.87)	3.07(0.34)	2.80(0.53)	2.54(0.88)	2.52(0.84)	3.07(0.34)	2.72(0.53)	2.63(0.67)	2.65(0.58)
	高	4.15(0.48)	3.98(0.63)	3.70(0.75)	3.48(0.65)	4.15(0.48)	3.73(0.54)	3.48(0.69)	3.47(0.67)	4.15(0.48)	3.83(0.58)	3.63(0.59)	3.63(0.69)

注：括号内为标准差。

表 13　嗅听交互作用下的整体主观评价均值结果

评价指标	声音	音量	气味种类及浓度											
			植物						食物					
			丁香花			桂花			咖啡			面包		
			低	中	高	低	中	高	低	中	高	低	中	高
整体舒适度	鸟鸣声	小	3.92 (1.01)	3.89 (0.81)	3.80 (0.85)	4.08 (0.71)	4.02 (0.60)	3.90 (0.84)	3.85 (0.73)	3.89 (0.63)	4.08 (0.70)	3.92 (0.86)	3.74 (0.81)	3.70 (0.96)
		中	3.73 (0.73)	3.83 (0.51)	3.70 (0.61)	3.77 (0.81)	3.85 (0.83)	3.63 (0.78)	3.69 (0.83)	3.70 (0.74)	3.73 (0.74)	3.77 (0.81)	3.70 (0.68)	3.63 (0.75)
		大	3.46 (0.94)	3.54 (0.51)	3.65 (0.71)	3.31 (1.08)	3.41 (0.77)	3.38 (0.78)	3.19 (0.70)	3.28 (0.74)	3.63 (0.86)	3.27 (0.86)	3.35 (0.64)	3.23 (0.84)
	交谈声	小	3.39 (0.75)	3.57 (0.87)	3.25 (0.88)	3.19 (0.58)	3.33 (0.74)	3.13 (0.62)	3.42 (0.65)	3.48 (0.90)	3.60 (0.81)	3.08 (0.84)	3.15 (0.96)	3.38 (1.03)
		中	2.62 (0.72)	3.04 (0.83)	2.98 (0.61)	2.92 (0.59)	3.09 (0.82)	3.00 (0.84)	2.89 (0.60)	3.00 (0.88)	3.43 (0.80)	2.81 (0.61)	2.96 (0.71)	3.23 (0.85)
		大	1.69 (0.55)	2.07 (0.89)	2.48 (0.80)	2.04 (1.08)	2.17 (0.81)	2.38 (0.81)	1.96 (0.67)	2.13 (0.80)	2.28 (0.88)	1.85 (0.58)	1.94 (0.80)	2.40 (0.90)
	交通声	小	3.04 (0.94)	3.22 (0.80)	2.95 (0.59)	3.19 (0.67)	3.26 (0.44)	3.08 (0.75)	2.96 (0.70)	3.02 (0.79)	3.38 (0.86)	3.04 (0.78)	3.09 (0.64)	3.23 (0.65)
		中	2.65 (0.70)	2.80 (0.69)	2.73 (0.52)	2.62 (0.69)	2.98 (0.72)	2.93 (0.58)	2.39 (0.63)	2.70 (0.88)	2.98 (0.80)	2.62 (0.80)	2.70 (0.72)	2.78 (0.82)
		大	1.92 (1.05)	2.30 (0.91)	2.58 (0.70)	1.77 (0.68)	2.26 (0.81)	2.55 (0.62)	1.89 (0.85)	2.00 (0.68)	2.78 (0.94)	1.89 (0.85)	2.00 (0.77)	2.63 (0.81)
整体协调度	鸟鸣声	小	3.54 (0.64)	3.50 (0.87)	3.23 (0.80)	3.35 (0.96)	3.30 (1.06)	3.28 (0.96)	3.19 (1.04)	3.28 (0.86)	3.45 (0.90)	3.46 (0.81)	3.39 (0.94)	3.33 (1.04)
		中	3.35 (0.87)	3.39 (1.27)	3.15 (0.68)	3.12 (0.91)	3.15 (1.10)	3.08 (1.02)	3.00 (1.05)	3.07 (0.93)	3.18 (1.00)	3.31 (1.00)	3.24 (0.94)	3.18 (0.91)
		大	2.81 (1.00)	3.02 (1.10)	3.13 (0.93)	2.92 (0.89)	2.98 (1.12)	2.95 (0.90)	2.65 (0.96)	2.74 (0.98)	3.08 (0.85)	2.92 (0.91)	2.98 (0.92)	2.88 (0.89)
	交谈声	小	3.27 (0.71)	3.44 (0.70)	3.30 (0.82)	3.23 (0.65)	3.26 (1.07)	3.15 (0.68)	3.50 (1.01)	3.59 (0.90)	3.75 (1.10)	3.15 (1.23)	3.28 (0.81)	3.45 (0.87)
		中	2.96 (0.81)	3.13 (0.58)	3.10 (0.59)	2.77 (0.81)	3.00 (0.81)	2.90 (0.82)	2.81 (1.13)	3.04 (1.13)	3.53 (0.84)	3.04 (1.15)	3.13 (1.02)	3.20 (0.83)
		大	2.39 (1.16)	2.57 (0.97)	2.85 (0.87)	2.35 (0.94)	2.54 (1.06)	2.78 (0.89)	2.27 (0.51)	2.57 (0.94)	2.75 (1.26)	2.92 (1.21)	2.94 (1.06)	2.98 (0.77)
	交通声	小	2.46 (0.92)	2.65 (0.85)	2.43 (0.70)	2.81 (1.13)	2.87 (0.98)	2.78 (0.76)	2.96 (1.06)	3.09 (0.86)	3.23 (0.65)	2.73 (0.97)	2.87 (0.83)	2.93 (0.83)
		中	2.08 (0.86)	2.35 (0.78)	2.25 (0.52)	2.50 (0.79)	2.76 (0.80)	2.60 (0.57)	2.54 (0.94)	2.65 (0.91)	2.90 (0.87)	2.31 (1.02)	2.44 (0.88)	2.60 (0.95)
		大	1.85 (0.70)	2.09 (0.69)	2.23 (0.76)	2.35 (0.98)	2.46 (0.84)	2.58 (0.70)	2.39 (1.11)	2.44 (0.94)	2.50 (0.96)	1.81 (0.61)	1.96 (0.81)	2.18 (0.72)

实地人群行为观测主要基本数据

表 14　嗅听交互作用下的行为结果

气味种类	气味条件	声音条件	路径纵坐标值 y/m											速度 /(m·s⁻¹)	停留时间 /s
			Y_1	Y_2	Y_3	Y_4	Y_5	Y_6	Y_7	Y_8	Y_9	Y_{10}	Y_{11}		
植物气味	从无到有	低声压级	1.38	1.37	1.36	1.35	1.32	1.31	1.30	1.31	1.31	1.33	1.32	1.14	—
	从无到有	高声压级	1.26	1.25	1.23	1.16	1.11	1.07	1.04	1.01	0.99	1.00	0.98	1.20	—
食物气味	无味	无声	7.26	7.33	7.43	7.55	7.61	7.52	7.53	7.50	—	—	—	1.07	122
		音乐声	7.00	7.33	7.94	8.36	8.22	8.14	8.22	8.35	—	—	—	0.95	154
		风扇声	6.92	7.06	7.17	7.34	7.48	7.54	7.62	7.64	—	—	—	1.21	79.5
	有味	无声	7.65	7.73	7.83	7.89	8.03	8.22	8.44	8.54	—	—	—	1.13	137
		音乐声	7.73	7.79	7.98	8.26	8.53	8.69	8.86	8.82	—	—	—	1.03	180
		风扇声	7.79	7.94	8.06	8.16	8.26	8.29	8.44	8.57	—	—	—	1.29	93
污染气味	无味	无声	2.09	2.07	1.97	1.97	1.86	1.81	1.81	1.83	1.90	1.97	2.07	1.32	63
		音乐声	1.87	1.73	1.67	1.67	1.61	1.58	1.59	1.57	1.66	1.81	1.91	1.26	72
		风扇声	2.02	1.98	1.97	1.94	1.88	1.84	1.89	1.90	1.97	2.07	2.21	1.37	54
	有味	无声	1.75	1.65	1.61	1.72	1.67	1.66	1.67	1.74	1.82	1.87	1.95	1.36	59
		音乐声	1.57	1.53	1.49	1.48	1.48	1.46	1.53	1.46	1.51	1.58	1.63	1.31	67
		风扇声	2.22	2.18	2.13	2.11	2.11	2.10	2.15	2.22	2.34	2.45	2.53	1.43	52